★战争之神★

火炮

吕辉◎编著

中国社会出版社

国家一级出版社★全国百佳图书出版单位

图书在版编目（CIP）数据

战争之神：火炮 / 吕辉编著. —北京：中国社会出版社，2013.12
ISBN 978-7-5087-4600-5

Ⅰ．①战… Ⅱ．①吕… Ⅲ．①火炮—世界—普及读物
Ⅳ．① E924-49

中国版本图书馆 CIP 数据核字 (2013) 第 272831 号

书　　　名：战争之神：火炮
编 著 者：吕　辉
责 任 编 辑：侯　钰

出版发行：中国社会出版社　　邮政编码：100032
通联方式：北京市西城区二龙路甲 33 号
编 辑 部：（010）66080360
邮 购 部：（010）66081078
销 售 部：（010）66080300 （010）66085300　传真：（010）66051713
　　　　　（010）66083600 （010）66080880　传真：（010）66080880

网　　　址：www.shcbs.com.cn
经　　　销：各地新华书店

印刷装订：北京威远印刷有限公司
开　　本：162mm×230mm　1/16
印　　张：10
字　　数：200 千字
版　　次：2014 年 5 月第 1 版
印　　次：2014 年 5 月第 1 次印刷
定　　价：29.80 元

前 言

　　战争有正义与邪恶之分，但兵器本无邪恶和正义之分。只不过邪恶的一方常常用它来侵犯他人，正义的一方用它来保卫自己。我们应该站在第三方的立场，从相对公正客观的角度去解读这些战争兵器，在众多兵器中，火炮便是其中的一种。如果我们全面解读火炮，便会发现火炮不仅仅是一种兵器。一种火炮被发明出来，它能代表的是人类科技的进步、智慧的进步，尽管有时战争会将有些兵器丑化，使其成为杀人的恶魔。但我们仍然不能否认，那一件件技术完美的火炮背后，充满着人们对未知领域的不断探索与对智慧的不懈追求。从这个层面来看，火炮是人类智慧与科技的结合物，是人类文明的象征。

　　火炮是人类发明出来的，是人类谱写了火炮的历史。但是与此同时，火炮也影响了人类的历史。火炮在兵器史、战争史、乃至整个人类历史发展中有着重要的地位与作用。火炮的故乡是中国，现代火炮是从中国古代发明的抛石机发展而来的。抛石机最早用于战争是在公元前770年～前476年中国的春秋时代。8世纪，火药的发明使抛石机的发展发生了质的飞跃。10世纪，火药开始用于军事后，抛石机便由抛石变为抛火球，火球又被称为火药弹。这便是最早的火炮。据考证，中国最古老的火炮要比欧洲现存最古老的火炮的发明早半个世纪。

　　此外，在近现代，随着其他武器的发展，火炮被用于更多领域，出现了更多种类的火炮，如高射炮、坦克炮、反坦克炮等等，并被广泛用于战场，对战争乃至人类历史产生了重大影响。

　　火炮在世界各国的军队装备中可以称得上是"大家族"。在高技术的信息时代，在技术推动下不断发展应用的现在和未来，火炮的技术含量将会进一步加大，作战效能也会显著提高，火炮"称霸"21世纪地面战场的局面不会从根本上改变，并且火炮的作战能力会更进一步提高。

　　本书内容丰富，不但详细介绍了火炮的诞生和发展，还介绍了榴弹炮、迫击炮、火箭炮等其他火炮家族成员。另外，本书还收录了现在世界上经典的火炮，以供广大军迷朋友欣赏。阅读本书不但可以增长军事知识，而且是一种美的享受。

第1章　火炮的诞生与发展

第2章　认识火炮

第3章　火炮之王——榴弹炮

第4章 雷霆之击——火箭炮

第5章 步兵之盾——迫击炮

第6章 防空利刃——高射炮

第7章 异彩纷呈——其他火炮家族

第❶章　火炮的诞生与发展

　　现代火炮是指利用火药在管形内膛燃烧，形成燃气压力来发射弹丸的一种射击武器。然而这种武器是从冷兵器发展演变过来的。1962年2月5日，毛泽东主席会见炮兵工程学院院长孔从洲将军，在谈到火炮发展史时说："火炮的老祖先是弓箭，由于射箭误差大，于是有了弩机，一次可连发九支箭。后来又有人根据弩机的原理制成抛石机，这些都是冷兵器。只是在火药发明以后，才出现了历史性的变化。有一个叫陈规的人率先把火药装在一个竹管内，点着火药，喷火烧毁天桥，那时叫管形火器。因为竹子容易被火药烧毁，后来有人改用金属制作，就是火铳，它被誉为是世界上最早的火炮。"

第1节　火炮的诞生

　　火炮，这个战争的宠儿，自问世以来就备受军事家们的青睐。从古代战场上的霹雳车、抛石机、火铳、土炮，到现代战争中的榴弹炮、加农炮、迫击炮、火箭炮等等，虽然它们相貌各异，性能不同，但它们都当之无愧地成为同时代兵器王国里的佼佼者，成为战争舞台上的重要角色。

一、火炮的诞生

　　当我们下中国象棋指挥手中的"车"、"马"、"砲"竞相厮杀的时候，你是否注意到了这样一个现实，棋子中的"砲"，不是"火"字旁的"炮"，而是"石"字旁的"砲"。这是为什么呢？

　　现在我们知道，原来，古代的炮不是我们现在所看到的发射火药弹的膛炮，而是利用杠杆原理，用木头制成的抛石机（最早称霹雳车）。还记得电视剧《三国演义》中的官渡之战吗？东汉建安四年（199年），曹操与袁绍为争霸中原率兵对峙于官渡。袁军依沙堆立营，又堆积土台，建造望楼，派弓弩手凭借地势俯射曹营，使曹军吃尽了苦头。曹操采纳谋士刘晔的建议，赶制霹雳车对付袁军。只见一排排像风车一样的木制器械摆放在曹兵阵前，士兵们忙碌地运来一堆堆差不多大小的石头块，操动霹雳车射向袁兵。"嗖——咣"，"嗖——咣"。战场上乱石飞舞，声如雷鸣，数十步外，袁兵的望楼被砸得一塌糊涂，士兵们鬼哭狼嚎，抱头鼠窜，好不热闹……。哈哈，你一定感到很可笑吧，那么个木头玩意儿怎么能与现代火炮相提并论呢？其实，这抛石机在冷兵器时代可是十分了不起的，有了它那就是"攻必克、守必固"。火炮就是由原来的抛石机发展为抛射火药包，而后逐渐演变而来的。如果论资排辈的话，它就是现代火炮的祖师爷了。这也正是过去"炮"字用"石"作偏旁的道理所在。

　　抛石机最风光的时候，要算是宋代了，这一时期的军队作战大都以抛石机为开路先锋，且使用数量也非常可观，一次作战用炮百具以上的战例比比皆是。1126年，金军围攻宋都汴梁时，一夜之间就安炮5000余座。1234年，元军进攻汴

▲抛石机

梁时，也架炮数百具，昼夜发炮，所打的石弹近乎把城填平。这时的抛石机，不但数量多，而且个头也很大，每门炮大约需要40～250人拉动，能将1千克～45千克重的石弹抛射百步开外，其威力之大可想而知。

南宋度宗咸淳五年（1269年），忽必烈的大军攻打南宋，打到了江北重镇——襄樊（襄阳和樊城的统称）。襄樊是扼守长江的门户，历来是兵家必争之地。为了保住襄樊，宋军加固了城池，又准备了充足的粮草，决心死守。蒙古军到达襄阳城下，想尽一切办法，发动了无数次的攻击，一连攻打了5年，但都因城池坚固而久攻不克。直到咸淳十年（1274年），蒙古军由亦思马

▲古罗马的抛石机

因等人设计制造出了别具一格、威力无比的巨型石炮（后取名襄阳大炮），它能把75千克重的巨石抛射出百步开外，才终于攻克了襄阳城。有史书记载："巨石炮置于城东南，击发后，声如雷霆。无坚不摧，入地七尺。""一炮中其谯楼，震城中。""宋安抚吕文焕惧，以城降。"可见，巨石炮在攻城中起了重要作用。襄城之战被后人总结为："五年攻城城不破，一旦用炮炮立功。"

在这一时期，外国的石炮也有了长足的发展。如俄国有了口径914.4毫米的射石炮；英国有了发射158.9千克重石弹的射炮；土耳其在攻打欧洲的君士坦丁堡时，使用的名为"皇宫"的射石炮，需60头牛和200人才能移动，可以发射726.4千克重的石弹。听起来真让人难以置信，但这却是千真万确的事实。真可谓有"说不尽的风流事，唱不完的大炮歌"啊！

石炮只是火炮的前身，还不具备火炮的条件，火炮是随着火药的出现才应运而生的。我国是火药的发源地，也是最早研制和使用火炮的国家。当然，在当时还不叫"火炮"，而是叫"火铳"，它初创于中国的元代。目前，世界上真正的火炮"鼻祖"，也就是第一门火铳，收藏在中国历史博物馆内。它制造于我国元代至顺三年（1332年），是一位文物爱好者于1949年在北京西郊的云居寺发现并

▲ 元代的手铳

收藏的。遗憾的是，由于没有文字记载，未能留下它的丰功伟绩，但可想而知，作为当时的"高技术"兵器，它一定立下了赫赫战功。

最早记载使用火铳正式作战的是明朝永乐年间（1403～1424年）的火铳队（神机营）。永乐十二年（1414年）六月，明成祖朱棣亲自率领50万大军出征迎击鞑靼，在土刺河上的忽兰忽失温（今蒙古温都尔汗西北）与瓦刺军交战。明成祖首先用火铳队布下埋伏，而后令数名骑兵前去挑战，将敌人诱下山后，火铳队以密集的火力毙敌数百人，为作战的胜利发挥了重要作用。这个火铳队也算是中国古代最早的炮兵部队了，它比欧洲的第一支炮兵部队（法国毕罗兄弟创建的破城炮队）还要早40余年。

中国是文明古国，也是火炮的发源地，我们为此感到骄傲和自豪。但进入清朝以后，由于朝廷腐败，封建专制，闭关锁国，不注重发展科学技术，不学习国外先进经验，反而让后期发展火炮的西方国家用大炮敲开了中国的大门，使中国人民蒙受了百余年的奇耻大辱。我们决不应该忘记这个历史教训。

二、火炮的发展

经过很长一段时间的发展，火炮自问世以来逐渐形成了各种各样的具有不同特点和不同用途的火炮体系，并慢慢成为战争中火力作战的重要方式，在世界各国陆、海、空三军中大量装备。在现代立体化战争中，战斗力的核心依然是火力。火炮作为战场上的火力骨干，具有火力强、灵活可靠、经济性和通用性好等优点，已成为决定战场形势的一个十分重要的因素。火炮不仅仅可以摧毁地面各种目标，也可以对空中的飞机和海上的舰艇进行摧毁。因此，作为提供进攻和防御活力的基本手段，火炮在常规兵器中占有十分稳固的地位。

1.火铳

往往一个新生事物的诞生，总会影响另一个新生事物，或者衍生出另外一个新生事物。火炮也是如此，它也是由火药的发明而衍生出的另外一种新兵器。火药的发明，是人类战争史上重要的里程碑，使枪、炮等武器登上了现代战争的舞台，人类战争由此翻开新的一页。

有了火药，才有了爆炸；有了火药，才可能有后来的管形火器，以及真正意义上的火炮和炮兵。那么火药是谁发明的，怎么发明的呢？这还要从中国古人说起。

在中国的历史典籍中，有这样一段有趣的故事：隋朝初年，有个名叫杜春的人去访问一位炼丹老人，由于天色已晚，炼丹老人便留杜春在炼丹炉旁歇息。夜

▲西欧的手铳

里，杜春一觉醒来，发现炼丹炉里突然冒起大火，火焰一直冲向屋顶，把房子都烧着了。后来，人们就把火和炼丹炉内的药联系起来，认为是药着火了，火药的名字从此流传开来。这个故事并非真实，但可以肯定的是，早在唐代以前，就有炼丹家发明了火药。

火药被发明后，人们便开始着了火药的"魔"。大量火药被用于军事，因为人们亲眼看到了火药的巨大杀伤力，而这比冷兵器的威力要大得多。人们这样想，这样思考，所以，火器也随之诞生。中国南宋时期，战火不断，战争就像下得没完没了的雨，纷纷扰扰，遥遥无期。也许是人们想要战争快一些结束，于是便出现了一种以巨竹为筒的管形喷射器火枪，再后来又出现了竹制管形射击火器突火枪，这是世界上最早的管形火器。

元朝时期，中国已经制造出最古老的火炮，这就是火铳。火铳是依据南宋突火枪的发射原理制成的，被称为现代大炮的鼻祖。1275年，宋元两军大战于长江一线，元军用炮的场面煞是壮观，炮声阵阵，最后宋军惨败。

火铳最早是用铜做的，叫铜火铳，后来发展成用生铁铸造，叫作铁火铳。目前陈列在中国北京国家博物馆里的一尊元代宁宗至顺三年（1332年）铸造的铜火铳，是世界上最早的火炮，比欧洲现存的最古老的火炮还要早500年。该尊火铳因其口部形似酒盏，又被称作盏口铳或盏口炮。它的身长为353毫米，口径为105毫米，尾底口径为77毫米，重达6.94千克。铳身刻有"绥边讨寇军"的铭文，说明是用来镇守边防、射杀敌寇用的。

为什么说火铳是最早的火炮呢？原因很简单，因为火铳和火炮的作用原理相同，都是利用火药能量将弹丸射出、杀伤敌人。此外，二者的结构也大同小异，都有身管、药室和发火装置。而且为了便于瞄准和操作，它们都有炮架，身管都是用金属做的。相比突火枪而言，火铳具有射速快、射程远、杀伤威力大，使用寿命长和操作方便等优点，因此对后来的兵器发展影响深远，后世的火炮就是在它的基础上改进和发展起来的，结构和基本原理都没有根本改变。

火铳创制出来后，很快便被投放到战场上使用。从火铳的结构特点和实际使用效果来看，与以前的火药火器和突火枪相比，它具有初速大、射程远、威力大、命中率高和操作安全、方便等优点，后世的火炮都是在此基础上改进和发展起来的，在结构原理和基础形状上并没有根本性的改变。在中国元末农民大起义中，不仅元军用火炮杀伤起义军，各路起义军也用火炮还击元军，其中以朱元璋率领的起义军用得最多。

朱元璋于1368年推翻了元朝统治，建立了大明王朝。自此之后，火铳有了新的发展，其结构工艺和性能更加突出，种类日益多样化，既有铜铸的，也有铁制的；既有轻型的，也有重型的；既有相当于现代迫击炮的短身管大口铳，也有类似现代榴弹炮的身管较长的小口铳。除此之外，为了让发射速度有所提高还制成了三眼铳、七星铳、子母百战铳等多管火铳，还有采用几个子铳轮换装填火药和弹丸的方法来提高装填速度的火铳，这被认为是后膛炮的最初形式。

火铳的发明是世界兵器史从冷兵器时代向火器时代过渡的重要标志，它的出现，使兵器制造技术有了划时代的飞跃。从此，火器在改变世界格局的战争中被普遍使用，并发挥了前所未有的巨大作用，一个崭新的兵种——炮兵也应运而生。

2.西方火炮的初始阶段

中国的火药和火器传到西方国家以后，火炮得以在欧洲各国迅速流传开来。14世纪上半叶，欧洲开始制造出发射石弹的火炮；16世纪前期，意大利人N.塔尔塔利亚发现炮弹在真空中以45°射角发射时射程最大的规律，这一规律的发现为炮兵学的理论研究奠定了基础；16世纪中叶，欧洲出现了口径较小的青铜长管炮和熟铁锻成的长管炮，还采用了前车，便于快速行动和通过起伏地；后来，出现了将子弹或金属碎片装在铁筒内制成的霰弹，达到了杀伤对方人马的目的；1600年前后，一些国家开始使用药包式弹药，使发射速度和射击精度有所提高；17世纪，伽利略的弹道抛物线理论和牛顿对空气阻力的研究，使火炮的发展又前进了一大步；瑞典国王古斯塔夫二世在位期间（1611～1632年），采取减轻火炮重量和使火炮标准化的办法从而使火炮的机动性大大提高；1697年，欧洲人用装满火

▲古代火炮

药的管子代替点火孔内的散装火药，简化了瞄准和装填过程。纵观形势，欧洲大多数国家于17世纪末都使用了榴弹炮。

普鲁士国王弗里德里希二世和法国炮兵总监J.B.V.格里博沃尔在18世纪中期曾致力于提高火炮的机动性和推动火炮的标准化。英、法等国经无数次试验，统一了火炮口径，使火炮各部分的金属重量比例更为恰当。

19世纪中叶以前，大炮一般是滑膛前装炮，发射实心球弹，部分火炮发射球形爆炸弹、霰弹和榴霰弹。刚开始时线膛炮是直膛线的，主要目的是为了前装弹丸方便。但应该看到，这种炮具有发射速度慢，射击精度低，射程近等缺点。为了增大火炮的射程，19纪初欧洲各国进行了线膛炮的试验。意大利G.卡瓦利少校于1846年制成了螺旋线膛炮，发射锥头柱体长形爆炸弹。螺旋膛线使弹丸旋转，飞行稳定，大大提高了火炮威力和射击精度，增大了火炮射程。

19世纪末期，出现了反后坐装置，炮身通过它与炮架相连接，这种火炮的炮架被称为弹性炮架。1897年，法国制造了装有反后坐装置（水压气体式驻退复进机）的75毫米野炮，后为各国所效仿。弹性炮架火炮发射时，因反后坐装置的缓冲，作用在炮架上的力大为减小，火炮重量得以减轻，发射时火炮不致移位，发射速度得到提高。

　　西方各国在19世纪末，相继采用缠丝炮身、筒紧炮身、强度较高的钢炮和无烟火药，进一步提高了火炮性能。采用猛炸药和复合引信，增大弹丸重量，提高了榴弹的破片杀伤力。在20世纪初，一般75毫米的野炮射程为6500米，105毫米榴弹炮射程为6千米，150毫米榴弹炮射程为7千米，150毫米加农炮射程为10千米，火炮还大量采用周视瞄准镜、测角器和引信装定机。

　　3.红夷大炮

　　在中国明清时期，荷兰、西班牙等国家被称为红夷（因为他们的头发是红色的）。在明朝，有很多西方传教士、商人、海盗来到中国，这些人带来了先进的大炮制造技术，其中红夷大炮最为典型。

　　很多人认为，红夷大炮只是从荷兰进口的。其实，当时明朝所有从西方进口的前装滑膛加农炮，都被称为红夷大炮。这些大炮平时盖着红色的炮衣，以讹传讹，就成了"红衣"大炮。其实，当时明朝进口的红夷大炮，只有少量从荷兰东印度公司进口。后来，因台湾问题明朝政府与荷兰关系恶化，大多数是从澳门的葡萄牙人那里买来的了。由于明朝当时的需求量很大，因此葡萄牙人还做中间商，将英国的舰载加农炮卖给中国。后来，中国以红夷大炮为样本，仿制了大量的大炮。但是由于铸造技术有限，不能和进口的相比。

　　红夷大炮与中国制造的大炮相比，具有炮管更长、射程更远的特点。明朝前期，火铳大都以铜为原料，内膛呈喇叭状，炮管显得比较单薄。单就口径而言，炮管显得太短，其外形基本上与现存最早的元代"碗口铳"十分相似。这种火

▲ 明代佛朗机炮

▲红夷大炮

铳，与红夷大炮相比，火药填装量更少，火药气体密封性也不够好，这些因素导致它射程不够远，此外还有容易过热、射速慢等缺陷。以铜为材质，虽然不易炸膛，但是制作成本较高，且铜比铁软得多，每次射击都会造成炮膛扩张，进一步导致射击精度和射程的下降。作为武器而言，寿命短，成本高，其唯一的优点，就是重量轻。在极其笨重的红夷大炮面前，明朝前期的火铳，真是"小巫见大巫"了。

实际上，红夷大炮在设计上的优点也是十分明显的：炮管长，管壁厚，而且从炮口到炮尾，逐渐加粗，与火药燃烧时膛压由高到低的原理相符合；在炮身的重心处两侧，有圆柱形的炮耳支撑在炮架上，大炮以此为轴，可以对射击的角度进行调节，与火药的用量相配合，便可对射程加以调整；炮身上还设有准星和照门，因此可以依照抛物线来计算弹道，精确度很高。多数红夷大炮，长为3米，口径一般在110毫米~130毫米之间，重量在2吨以上，说它是当时的重型大炮是毫不为过的。

事实上，红夷大炮的显著优点就是射程远。相对于重型大炮而言，射程是衡量其性能的一个十分重要的标准，即使是现在也是如此。明朝自制铁火铳的最大射程不超过1500米，而且经常还有炸膛的危险。以当时的条件来说，操作大炮是相当危险的一种工作；重达1500千克的红夷大炮，打到4000米之外是轻而易举的事情。史料上记载的最远距离达10里。当时的10里，相当于现代的5000多米，这在当时不能不说是个相当惊人的数据。

4.炮战时代

进入第一次世界大战，炮兵已经完全成为战争胜负的决定性因素。特别是由于机枪的使用，步兵集群冲锋战术无疑成为毫无价值的自杀。因此，战争从运动模式进入阵地模式，在阵地战中，传统的枪械在碉堡和战壕面前毫无作用，而火炮却正好是它们的克星。

在第一次世界大战中使用的最广泛的几种炮分别是迫击炮、小口径平射炮和高射炮，前两种主要用来对付地面隐蔽目标和机枪阵地，第三种主要用于对付空中目标。与此同时，飞机上也开始装设航空炮。随着坦克的使用，又出现了坦克炮。当时交战国除大量使用中小口径火炮外，还重视大口径远射程火炮的发展。一般使用的有203毫米~280毫米榴弹炮和220毫米~240毫米加农炮。

火炮性能得以进一步改善是在20世纪30年代。通过改进弹药、增大射角、加长身管等途径增大了射程。轻榴弹炮射程增大到12千米左右，重榴弹炮射程增大到15千米左右，150毫米加农炮射程增大到20千米~25千米。改善炮闩和装填机构的性能，很大程度上提高了发射速度。采用开架式大架，普遍实行机械牵引，减轻火炮重量，从而提高了火炮的机动性。由于火炮的威力不断增大，采用自紧炮身和活动身管炮身，以解决炮身强度不够和寿命短的问题。

第二次世界大战的欧洲大陆是炮兵和装甲兵的竞技场，火炮技术日趋成熟，种类也非常齐全，包括榴弹炮、加农炮、迫击炮、火箭炮、滑膛炮、线膛炮等大量炮种。比较著名的火炮有博福斯L60 40毫米高射炮、德国88毫米高射炮、美国M7自行榴弹炮等。

由于在第二次世界大战中，飞机提高了飞行高度，于是出现了大口径高射炮、近炸引信和包括炮瞄雷达在

▲第一次世界大战时期法国的模块化自行火炮

▲第一次世界大战中德国的榴弹炮

内的火控系统。由于坦克和其他装甲车辆成了军队的主要威胁，于是出现了无后坐力炮和威力更大的反坦克炮。

第二次世界大战时期，装甲技术的大规模运用，更是大大削弱了传统枪械的作用。不论是防空、反坦克还是杀伤兵员，火炮都成为最佳选择。

随着火炮相关技术的飞跃性发展，现代火炮技术已经非常成熟，不论是在精确性还是可靠性上都和第二次世界大战时期不可同日而语。

现代火炮的炮弹由于采用了强度更高的弹壳和威力更大的炸药，杀伤力大大增强。由于制作工艺和弹道计算机的出现，火炮可以达到在数十千米外击中只有几平方米大小的物体，而且射程也随着火药和冶炼技术的发展而增加。

进入21世纪，一些传统类型的火炮已经逐渐退出历史舞台，例如无后坐力炮、加农炮、线膛炮等。即便少数国家有所装备，也不再是主流。榴弹炮、滑膛炮、火箭炮及迫击炮等则成为当今世界各国陆军的主力炮种。

现在比较著名的大口径压制火炮有美军的M109A6 155毫米榴弹炮、德国PZH2000 155毫米榴弹炮、俄罗斯2s19 152毫米榴弹炮等。

第2节　未来战场上的火炮

从海湾危机以来，随着两次伊拉克战争、科索沃战争，信息化已悄然向世人揭开了它那神秘的面纱。在伊拉克战争中，美英联军在现代信息技术条件下，使用了从迫击炮、榴弹炮、多管火箭炮到战役战术导弹等武器，射程从几千米到300千米，构成了曲直相间、远近相依的综合火力体系，依靠这种精确、高效、强大的火力，摧毁了伊军的指挥和通信系统，加速了战争的进程。

一、信息化作战

从近几场战争来看，信息化无疑是战斗力的"倍增器"，伴随着科学技术的进步，信息作战在未来的战场上将是一项重要的作战样式。那么，它究竟是什么呢？

信息作战是战场上敌对双方为争夺制信息权，通过利用、破坏敌方和利用、保护己方的信息、信息系统而进行的作战。

信息作战是一种综合作战样式，包括一切能对敌信息和信息系统实施攻击和对己方信息及信息系统进行防护的行动。

一般情况下，信息作战从不同的角度可分为不同的类型。按信息作战层次可分为：战略级信息作战、战役级信息作战和战术级信息作战。按信息作战行动的性质可分为：信息侦察、信息进攻和信息防御。按参战力量的组成可分为：陆军信息作战、海军信息作战、空军信息作战、第二炮兵信息作战。各军种往下还可分为所属各兵种信息作战。按信息作战的内容可分为：情报战、电子战、计算机战、计算机网络战、心理战、信息设施摧毁战等。

按信息作战的背景可分为：联合火力打击信息作战、联合封锁战役信息作战、联合岛屿进攻信息作战、联合边境反击信息作战，以及其他联合战役中的信息作战。

在机械化战争向信息化战争逐渐转变的过程中，在信息条件下的一体化联合作战，主宰战场形势的依然是火力，其形态犬牙交错是理所应当、无法避免

▲美国 1938 年研制成功的 SCR-268 型雷达是世界上第一部炮瞄雷达

的，一体化的联合作战仍是未来常规战场上的一种十分重要的、必不可少的作战手段。

二、特种作战

在未来的战场上，不仅仅是常规战场上的较量，特种作战的种类、方式、方法和手段也日益增多，以高技术为支撑的各种特种作战主要体现以下几种形式。

动物媒体战：即以各种驯养和野生动物为载体，使其携带侦察探测、引导或打击兵器直接摧毁敌方目标的作战行动方式。如苏联军队在卫国战争期间曾用经过训练的狗驮带炸药的方式，成功地炸毁德军许多坦克。此外，发达国家正在研究用鸽子等鸟类携带微型侦察器材或高性能的爆炸装置进行敌情侦察、炸毁敌通信线路或高技术装备的外部设施等要害部位。美军、以军在这个方面的研究已经获得成功。

纳米武器战：即以纳米技术制造的微型兵器装备对敌实施侦察监测、攻击破坏的作战行动方式。如美军已研制成功用于获取情报的"机器虫"微型爬行器。另据报道，美军运用纳米技术成功制造了一种微型飞行器，长度仅为15厘米，航程可达16千米。由于体积小、重量轻，不仅施放方便，且不易被发现。它们主要用于情报侦察和携带高性能的微型弹药攻击敌方人员、装备及设施等。

新概念武器战：即应用绝对领先技术、依据新的毁伤机理制造出的与常规武器和作战手段不同的兵器装备对敌实施攻击的作战样式。如美军已研制成功的多级攻击弹药，它由3个以上首尾相连的串联组合单体组成，用第一个弹头相继撞击同一个弹着点，从而达到将目标彻底摧毁的目的。此外，还有定向能武器、动能武器、微型电子武器、人工智能武器等依靠其特殊性能毁伤敌人的兵器和人员。

天气战：即利用高技术手段和特制武器使气候和天气发生变化，形成利于己而不利于敌的气候条件的作战方式。如，越南战争期间美军实施的人工降雨。另外，美军等正在研究并制造出用于引起洪水、大风、高低气压变化以及造成寒冷、高温、海啸、巨浪和海幕武器（已有重大突破），均获成功。天气战无疑能帮助拥有方稳操战场的主动权。

机器人战：即运用军用机器人对敌实施各种军事行动的作战方式。近年来，由于机器人技术的突破性进展，使其性能更加完善，已能进行多种多样的工作，这一点在近几年的国际性"机器人展览会"上已得到了充分肯定。同样种类繁多的军用机器人能代替人员进行水下作业、排雷等特殊工作，甚至能从事人类无法完成的工作。其军事价值极高，发展前景非常乐观。目前，美、日等技术发达的国家在军用机器人的研究开发上都投入大量的人力、物力和财力，成果也很多。可以预测，军用机器人在未来战场的应用将会更加广泛。

超高速突击战：利用兵器装备的极快速度造成敌方无法发现或来不及做出有效反应，而对敌实施攻击的作战样式。如美军正在研制的最新型的高空侦察机和高倍音速飞机X-43A，飞行速度为音速的7倍以上（时速高达8000多千米），目前虽然尚未获得成功，但已有重大进展，一旦取得成功，其军事价值不可估量。据推测，X-43A飞机从美国的东海岸飞到西海岸只需30分钟，这种速度优势，目前尚无方法对其进行有效的拦截。以其侦察和攻击对方，将轻而易举地获得成功。

环境战：即通过使用各种兵器和技术手段破坏敌方的各种设施和环境，制造环境和生态灾难的作战方式。在海湾战争和科索沃战争中，以美军为首的多国部队和"北约"部队对伊拉克和南联盟的石化设施轰炸的同时，大量地使用贫铀弹，不仅使两国的环境遭到严重污染、动植物资源遭到破坏，也严重地危害着人类的生存，最终可能导致种族灭绝的严重后果。另据有关资料显示，美军正在研

制便于用在战术行动上的微型核、生、化武器，一旦成功，有针对性地破坏局部环境的目的就会成为现实。

生物战：即应用生物学技术和由此制造的武器对敌实施攻击的作战方式。如运用基因工程技术，通过基因重组，人为地改变致病微生物的遗传基因，培养出危害性更大的生物战剂。据报道，苏联曾通过基因工程技术研制出一种剧毒药物，万分之一毫克就能将100只猫毒死，20克足以致50亿人死亡。因而基因武器被称为"世界末日"武器。随着转基因技术的重大突破性进展，必将给基因武器的发展注入新的生机和活力，那么，利用动植物和昆虫等携带病毒，并将其投放到敌方区域，使其人员致病或死亡，以致失去抵抗力。另外，还可利用特有物种的优势，将其投放到敌国，在短期内就可以造成其有益物种的灭绝，从而使其丧失战争潜力和物资资源。据报道，美军在今后几年中将以生物技术装备部队，既可以增强人员的防病能力，且具有极强的防御能力，还可以用名为"生物标记"辨认同伴、防止相互误伤，还能利用感应器和卫星跟踪自己的同伴等。

太空战：即以太空兵器由太空攻击敌人或摧毁敌方太空设施的作战方式。如美、俄等国的空间站和航天飞机，如果以其携带打击对手，就会收到意想不到的打击效果。另外美国正在研制的"空天飞机"，可以在太空随意抓获任何卫星和空间飞行器，也可以机载武器击毁卫星和空间飞行器，还可以对敌国实施攻击。俄罗斯的"天军"也是出于太空战而组建的。据预测，激光武器在太空战中的作用将是十分巨大的，太空战也将是未来最激烈的作战样式。

无形毁伤战：即用敌人无法看到和不易感受的方式及手段对敌进行杀伤的作战样式。这种作战主要是通过使用具有"软杀伤"机理的特种武器，破坏人员的正常机体组织和生理功能，使人出现病态或致死；或集中大量的能量毁坏兵器装备或使其无法发挥作用等。目前，这类武器主要有基因武器、电子战武器、束能武器、次声波武器和幻觉武器等，其威力随着科技水平的提高将会越来越大，且应用将更加广泛。

上述几种作战形式，给高技术战争带来极大的复杂性、难控性，为高技术条件下的炮兵作战提出了更高、更新的要求。

三、火炮的发展趋势

在火炮的发展历程中，火炮的发展逐渐呈现出以下趋势。

第一，155毫米火炮成为通用口径。随着东西方两大对抗集团威胁的逐步解

▲AS90 式 155 毫米自行榴弹炮

除，北约和前华约的多数国家对火炮系统的种类与数量进行了缩减。如，英国部队目前仅部署155毫米AS90自行火炮系统与227毫米多管火箭炮系统，美国陆军也仅仅装备155毫米M109A6"帕拉丁"自行火炮系统和多管火箭炮系统。其他北约国家虽然还在部署各种口径的自行火炮系统，应该看到的是，155毫米已成为经常采用的口径，相关火炮弹药的投资几乎全集中在155毫米弹药，虽然部分国家在近距离空中支援作战中大量使用精确制导弹药，但是，自行火炮的身影依然活跃在战场之上。

第二，轮式自行火炮重新得到发展。现代世界上，很多国家依然对履带式自行火炮有所青睐，但是轮式自行火炮系统依然得到重视。与履带式相比，轮式自行火炮系统具有较高的战略机动性，而且操作成本也低。

第三，火炮升级改造市场广阔。当前一些国家缺乏开发新型自行火炮系统所需的资金，因此火炮系统升级改造具有极大发展前景。典型的自行火炮升级改造包括安装更长的炮管提高射程、改进装弹系统、改进火控系统和定位系统，当然，也不排除采用射程更远和更具杀伤力的新弹药。

第四，野战炮继续简化口径系列。美、英、法等欧美国家主要发展155毫米口

▲美国 M109A6 "帕拉丁" 155 毫米自行榴弹炮

径的野战炮（包括自行式、牵引式），其次是发展105毫米的牵引式野战炮。

采用新的发射药，继续加长身管（47～52倍口径）。并采用自动化弹药装填机械和自动化火控系统，进一步增大射程、提高射速和射击精度，以及缩短作战时间。

发展新的弹种，提高野战炮的反装甲能力。从20世纪70年代中期开始，由于计算机技术、集成电路技术、红外技术、激光技术、毫米波技术等飞速发展，美国率先开始为野战炮发展制导炮弹，赋予野战炮反装甲能力，从此以后，英、法、德、意、瑞典等欧美国家，以及后来的苏联都开始为野战炮发展制导炮弹。目前已装备部队的反装甲制导炮弹有美国发展的155毫米 "铜斑蛇" 半主动激光制导炮弹、俄罗斯的152毫米 "红土地" 激光制导炮弹等。目前仍在发展中的反装甲制导炮弹有美国的155毫米、203毫米 "萨姆" 红外或毫米波制导的炮弹、法国和瑞典联合发展的红外成像寻的155毫米 "章动" 式反装甲制导炮弹，以及俄罗斯目前正在发展的激光或红外制导的122毫米和120毫米反装甲制导炮弹等。

第五，自行火炮的发展具有更加广阔的空间。早在20世纪60年代初，北约许多国家就已经开始陆续装备从90毫米到203毫米口径的各种不同类型的自行榴弹炮或加农炮，到70年代逐步形成以155毫米自行榴弹炮为主体的自行火炮武器系列。

这些火炮经过无数次试验改进，一直沿用至今。90年代以来，要求建立具有高度机动作战能力的快速反应部队，需装备性能先进的新一代自行火炮，以适应21世纪不断发展的高技术战争需要。

第六，未来火炮更加信息化、新概念化。未来的火炮将成为集操瞄控制能力、探测能力、通信能力、电子作战能力和隐形能力于一体的数字式智能化火炮与新概念火炮。随着高新技术的进一步迅猛发展及其在军事领域里的更加深入的应用，未来的战场将是各种全新的常规武器与各种新技术武器全面使用的信息化、数字化、自主化和智能化的陆海空磁电场为一体的立体战场。我们应该看到，火力的强度与密度将会更加猛烈，炮兵火力运用将更加频繁，常规炮兵的地位作用更加突出，机动、灵活的炮兵火力将是贯穿整个战斗全过程的中坚力量。

四、未来的新能源炮

现代火炮都是以固体发射药作为发射能源。目前，正在研究和发展中的液体发射药炮、电热炮、电磁炮、激光炮、射束炮，由于它们的工作原理和使用的能源与传统的固体发射药火炮有很大差别，所以这类火炮称为新能源火炮，或称为新概念火炮。

传统的固体发射药火炮，经历100多年的发展，特别是近几十年来发展起来的高膛压、大初速火炮，弹丸初速已达每秒1800米，显著地增强了火炮的作战威力。但是，随着科学技术的发展，火炮作战目标的性质也在不断发生显著的变化。如坦克的防护能力，由于复合装甲的采用，其抗静穿甲能力可达500毫米厚度。再如空中目标的高速超低空突防能力，巡航导弹、反舰导弹的飞行高度离地面和水平面只有几米，火炮对其射击的反应时间只有几秒钟。这些都要求火炮技术，特别是在火炮的弹道性能上，适应上述目标发展的要求。由于受到火药性能和身管材料的限制，受到火炮自身威力提高与机动性下降的矛盾的约束，要大幅度提高现代火炮的综合性能难度极大。所以人们在改进现代火炮的同时，积极寻求新的发射能源。科学技术的发展，为这种探索提供了理论和物质基础。近些年来，火炮在能源的使用上，在发射方式上和相应的火炮弹药系统的研究方面有了很大进展。

1. 液体发射药火炮

液体发射药火炮，是以液体发射药代替传统的固体发射药的一种新能源火炮。早在第二次世界大战结束时，美国海军就曾研究把液体发射药技术用于鱼雷

等水中兵器。朝鲜战争期间，美陆军想在坦克炮上采用液体发射药，但限于当时的技术水平，最终被迫放弃。随着国防高新技术的发展，液体发射药火炮的研究又重新活跃起来。

20世纪70年代，美国海军对整体式液体发射药开展了一系列的研究工作，随后，美国陆军弹道研究所对单元液体发射药的性能和应用进行了系统研究。由于毒性较小的液体发射药研究工作取得显著进展，再生式喷注系统及其内弹道性能燃烧过程的稳定性得到一定的控制，使液体发射药火炮作为实战武器成为可能。同时，德、英、法等国相继开展了应用性研究，而美国一直处于领先地位，在80年代已进入实用性开发研究。

美军选定的液体发射药火炮最初定名为"防御者"火炮，是由通用电气公司研制的。早在20世纪60年代后期即已开始研究，最初是在小口径火炮上进行试验，以后逐步从25毫米火炮发展到30、89、105毫米口径的火炮。1986年，美弹道研究所与该公司签订合同，研究155毫米火炮采用液体发射药的应用前景。随后，通用电气公司先后试制了3门样炮并进行了试验。1号炮为单发射击的静态试验炮，采用39倍口径身管（即M198式155毫米牵引榴弹炮身管的改进型），装在M115式203毫米牵引榴弹炮炮架上。从1988年至1990年年底共发射了237发炮弹，取得了基本满意的结果。但是由于这种炮的身管较短，因此试验的射程比较近。为此，在随后的2号炮上采用52倍口径身管，药室容积为14.2升。于1990年5月进行首次试射。1992年2月开始进行了为期3个月的射击试验，发射M549A1式火箭增程弹时，初速为998.8米/秒，最大射程达44.4千米，比普通火炮增大了近50%。接着，又在此基础上制成了3号炮，药室容积增大到17升，并用M109型自行火炮的底盘进行从6千米～400千米之间的射击试验和3发/15秒的爆发射速试验等。

美军在进一步对车载式自行火炮进行广泛试验后，正式命名这种液体发射药炮为"十字军"155毫米自行榴弹炮。

目前，美国已经在155毫米榴弹炮上，进行了工程设计与试验。英国在30毫米拉登炮上，建立了多功能液体燃料发射装置，德国也对再生式装置开展了多年应用研究。近年来。液体发射药火炮的研究有了很大进展，在21世纪初就有液体发射药火炮投入使用。美国还计划开发液体发射药坦克炮，使140毫米滑膛炮的初速达到2000米/秒，以用于M1A3坦克上。

液体发射药火炮和传统的固体发射药火炮相比有下列几方面的优点：

①有较好的内弹道性能。由于液体发射药火炮用喷注式燃料供给系统，在内

▲美国研制的激光炮

弹道工作过程中，可有控制地向燃烧室喷注发射药，控制气体生成率。从而可以提高内弹道工作过程中的平均压力，以及有效地降低峰值压力。因此，液体发射药火炮弹丸初速，在同样炮膛工作容积条件下，可以比固体发射药火炮初速提高15%以上，如在120毫米火炮上用肼基液体发射药做射击试验，已获得平均初速达2090米/秒。液体发射药火炮膛内峰值压力的降低，可以延长炮管的使用寿命。

②简化了装药，降低了弹药成本。液体发射药火炮弹药不需要专门的药筒。液体发射药工艺过程简单，成本低，可降低发射药成本80%，便于大量生产，并且易于转为民用。因此，具有较大的经济价值。

③有利于火炮的自动化和射速的提高。弹药分别供输后，改善了原定装式弹药供弹系统结构庞大、复杂、供弹速度慢的问题，使火炮发射速度成倍提高，增大了火炮射击威力。

液体发射药的采用，增大了火炮携带的弹药基数，一般比传统弹药增加3～4倍。改善了弹与药在车体内的合理配备，减少了车内乘员，这样就使车体更加紧凑，有利于提高火炮整体防护与生存能力，有利于增强火炮持续作战能力。

虽然近年来在液体发射药火炮的研究方面取得了很大进展，但还存在下述技术难关有待进一步解决：液体发射药的综合性能，如点火燃烧、储运和安全性等与实用弹药性能还有一段距离；弹道重复性还不理想，还难以使初速标准偏差稳定在小于1%的范围内；火炮发射系统机械结构复杂，装置的工作可靠性及自身控制精度，还满足不了连续工作的要求；一些金属及非金属材料，在性能上还不能完全满足在高温、高压、高速工作条件下的使用寿命要求。这些问题的解决将会使液体发射药火炮进一步走向实用化。

2. 电热炮

电热炮即电热化学炮，其原理是利用高电压、大电流的短脉冲电流产生高温等离子体，使高能、轻质的非爆炸工质燃烧产生高压电离气体把弹丸推出炮膛，又称"增燃等离子炮"。同常规火炮一样，电热炮也是靠气体膨胀做功使弹丸获得高初速，不同的是其气体相对分子质量小，可吸收的动能少，弹丸动能少部分（20%以下）由电能提供，大部分由化学能提供。电热炮与常规火炮比，一是弹丸初速高，出口动能大，穿透目标能力强，炮弹威力大；二是射程远，可达50千米以上；三是火炮膛压可电控，改变射程不用改变射角，一门炮能在很短的时间内连续发射多发炮弹攻击不同距离上的多个目标；四是结构上容易实现，将常规火炮炮闩略加修改，就可发射电热炮弹丸，同一门炮，可发射两类炮弹，效费比很高；五是使用非爆炸性工质，确保操作安全；六是可实现自动装弹，能以每秒2~5发的射速连射，反应快速灵活。因此，电热炮研制虽然起步晚，进展却非常快，很有潜力，并迅速引起广泛的重视。

电热炮通过电容器放电来加热工质，对弹丸做功。由于是将电能通过装药转为弹丸的动能，因此要求电容器要有足够大的容量。所以，电热炮的实用化，首先必须解决大功率的电源设备，其次是小型的大容量储能设备。另外，则是高温条件下的耐热炮管材料问题，合理的选用工质也是一个重要方面。

现在不少发达国家都对电热化学炮进行了理论研究和具体试验。美国在电热化学炮的研究方面走在世界前列，包括美国陆军弹道研究所在内的许多研究机构、公司以及海、陆、空三军都在致力于电热化学炮的研究。

美国食品机械化学公司一马当先，该公司从20世纪80年代开始进行了电热化学炮的原理论证研究，在不到4年的时间内就在30毫米和90毫米口径试验装置上完成了原理可行性论证工作。经过105毫米口径的火炮试验研究之后，该公司又开始制造120毫米高初速（3000米/秒）坦克炮，并与美国通用动力公司的类似装置进行了竞争性评价试验。在60毫米口径电热化学炮方面，食品机械化学公司已取得重大进展。1993年6月，该公司已向美海军水面作战中心交付首门60毫米电热化学炮进行验收试验，打算用作舰载近程防御武器。

食品机械化学公司目前正致力于6项电热化学炮的研制。坦克炮方面是9～17兆焦的120毫米高初速滑膛炮。野战火炮方面是研制50千米射程的自行榴弹炮。155毫米野战火炮的试验装置是以制式M198式牵引榴弹炮为基础，实际上只是变动了炮尾结构，因此，在战场上采用增燃等离子体为做功工质的野战火炮必要时可以切断电源而迅速换上M35制式击发装置使用常规发射药。据该公司声称，目前以增燃等离子体为做功工质的电热化学炮是唯一能满足美国先进野战火炮系统所需50千米射程的发射系统。在研制风险、性能、体积和通用性上，电热化学炮完全可以与已处于发展领先地位的模块式装药和液体发射药火炮相竞争。

3. 电磁炮

电磁炮是采用强大的电磁能作为发射弹丸的动力，具有比液体发射药火炮和电热炮更高的发射初速，因而能大大提高对高速运动目标的命中率和火炮的射击精度。改变火炮射程的程序简单可靠，弹丸设计不受弹筒限制，有利于提高火炮

▲2008年1月，美国海上战争中心的磁道炮试射

▲电磁炮发射装置

的威力。据报道，20世纪70年代澳大利亚研制出一门电磁炮，为电磁炮的发展做了开拓性工作。1985年，美国和澳大利亚签订了发展超高速电磁炮的双边协议，并已成功地发射了质量为284克的弹丸，初速达到4000米/秒。

电磁炮按其结构的不同，分为线圈炮、轨道炮和重接炮三种。线圈炮是电磁炮的最早形式。它由若干固定线圈和一弹丸线圈组成。固定线圈相当于炮管，依次通电后，形成运动磁场，在弹丸线圈中产生感生电流，利用磁场和感生电流相互作用的电磁力加速弹丸线圈或其他磁性材料而射出。轨道炮是电磁炮的主要发展形式，它是由放电回路、等离子体电枢、导轨和弹丸组成。电容器回路通过导轨和等离子体电枢形成放电回路，等离子体电枢在自身电流与载流导轨磁场的电磁力作用下，沿导轨加速，其强大的电磁力推动弹丸加速运动，直到射出炮膛。重接炮是电磁炮的最新发展形式。它是一种多级加速的无接触电磁发射装置，没有炮管，但要求弹丸在进入重接炮之前应有一定的初速度。目前，只对单级重接炮进行了理论研究。

电磁炮历经几十年的研究和发展，近年来无论在其工作原理，还是实用性能方面都有进展，在电源设备、发射弹丸质量和连发等方面，都有新的突破。然而，小型化大功率脉冲电源是当前研制中的一大难题，解决电磁炮的烧蚀现象也是关键技术之一，电磁炮发射能量的转换效率也不理想。上述这些技术问题，有待于超导技术的发展和应用。

除了以上新能源火炮外，激光炮、定向能射束炮等新概念火炮也在试验和研制中。不久的将来，这些新概念火炮都有可能出现在陆地、海洋、空中，甚至扩大到太空，成为"天战"武器。

第❷章 认识火炮

　　火炮是陆军的重要组成部分和主要火力突击力量，具有强大的火力、较远的射程、良好的精度和较高的机动能力，能集中、突然、连续地对地面和水面目标实施火力突击。主要用于支援、掩护步兵和装甲兵的战斗行动，并与其他兵种、军种协同作战，也可独立进行火力战斗。火炮在历史上有"战争之神"的称号。

第1节 火炮简介

火炮作为现代军事中无比重要的一环，在现代和近代战争中有着不可取代的地位。火炮曾被誉为"战争之神"，由此可见火炮的地位和作用非同一般。火炮常常会左右一次战役甚至战争的胜负。在第二次世界大战中，死于炮口下的人数甚至比死于枪口下的人数还多，在一场战斗开始之前，交战双方通常会先使用火炮进行火力压制，尽量杀伤对方的有生目标和摧毁对方的武器装备，并产生威慑力，让对方的士兵恐惧。

一、火炮的发射方式

现代火炮通常都采用半自动炮闩，有的采用自动炮闩。炮口制退器用来减少炮身后坐能量。发射时，装在炮闩内的击针撞击炮弹底火，点燃发射药。发射药燃烧产生大量的燃气，推动弹丸以极大的加速度沿炮膛向前运动。弹丸离开炮口瞬间获得最大速度，而后沿着一定的弹道飞向目标。燃气推动弹丸向前运动的同时推动炮身后坐。

二、火炮的性能指标

目前，世界各国的军队都装备有种类繁多的火炮。由于弹头的威力不断增强，精度不断提高，火炮的口径也逐渐变小。从巨舰巨炮时代的动辄300毫米甚至400毫米以上口径的巨炮到现在的20毫米、30毫米机炮到大口径的155毫米和203毫米榴弹炮，火炮的口径越来越小，射程越来越远，精度越来越高，但是威力却不减反增。

火炮的主要性能指标为口径、倍径、射程、射速、初速、杀伤力、机动能力、精准度等。

1. 口径

口径是指火炮炮管的内部直径，一般用毫米或者英寸来表示，如152毫米或者6英寸，这里我们主要用毫米来表示。

▲美国 M115 榴弹炮

通常来说火炮的口径越大，弹头也就越重，射程也就更远，威力自然也就更大。但是，随着炸药技术的不断发展，为了提高火炮的机动性和降低火炮的体积，增强火炮的射速及简化后勤补给等，现代火炮的口径通常不超过155毫米，155毫米口径以上的超重型火炮已经濒临绝迹。

2. 倍径

倍径是指火炮身管和口径的比例，一般来说，身管越长射程就相对越远，火炮威力就越大。一般榴弹炮和滑膛炮这些对射程要求较高的火炮的倍径较高，迫击炮这类不需要太大射程的火炮倍径就相对较小。例如中国PLZ-05自行榴弹炮的倍径高达52倍口径，美国M109A6榴弹炮的倍径为39倍口径。M1A1坦克、ZTZ-99式坦克、T-90和"豹"2A6这些世界主流坦克的火炮倍径都超过40倍。迫击炮的倍径一般小于20倍。

3. 射程

射程分最大射程和有效射程，最大射程是指火炮将弹丸所能抛射到的最远距离，有效射程是指炮弹在能够保留预期威力和精度的情况下所能够达到的最大距离。目前大多数155毫米榴弹炮的最大射程都超过20千米，在使用增程弹的情况下

几乎都能打到30千米以外。对于坦克炮这类直射火炮来说，有效射程才是最主要的，例如M1A1主炮在2000米距离上的穿甲能力约为810毫米，豹2A6约为900毫米。距离越远，穿甲能力就越弱，在攻击敌方坦克这类坚固目标时效果就会大打折扣。

4. 射速

射速是指火炮在某段时间内的最大弹药发射次数，一般是以分钟为时间单位。例如美国M109A6自行榴弹炮的最大射速为8发/分，中国PLZ–05自行榴弹炮最大射速为8～10发/分。射速越快，火炮朝敌方倾泻弹药的能力就越强，火炮的火力就越猛。

5. 初速

初速是指弹丸脱离炮口瞬间的飞行速度。同类型的弹头，初速越大，说明炮弹的飞行速度越快，弹头的侵彻力就越强，射程也就越远。反之，初速小，射程和侵彻力就相对要差些。初速对于坦克炮来说非常重要，是火炮穿甲能力的一项重要指标。对于榴弹炮等其他种类火炮来说，初速也同样重要，因为它也是精确度和射程的重要指标之一。

6. 杀伤力

杀伤力是指火炮弹丸的破坏能力，对于穿甲弹来说，弹丸的杀伤力和初速、弹头结构、弹头材质强度等有关。对于榴弹炮，一般以弹头装药量和弹头强度来决定，装药量越大，弹头强度越高，那么爆炸的威力就越大，杀伤能力就越强。155毫米榴弹炮的杀伤半径往往超过50米，有的甚至近百米，少量弹片在百米开外都能造成致命伤害。

7. 机动能力

机动能力是指火炮的运动能力，包括行驶速度、越野能力等。对野战火炮来讲，机动能力是非常重要的一个指标，它决定了该火炮的部署速度以及在野外战场的适应能力，如果机动能力太差，一些较为崎岖的地区都过不去，那还如何进入阵地和打击敌人呢？

8. 精准度

精准度是指火炮的射击误差范围，也包括命中率。比如在用火炮攻击某个目标时，炮弹弹着点到该目标的距离。现在的火炮精确度都非常高，而且还可以使用制导炮弹，例如激光制导炮弹。激光制导炮弹是使用激光来对炮弹进行引导，这类炮弹在飞行过程中接收到指令后可以通过自身可变尾翼对弹道进行修正，从

▲美国集束炮弹

而增大命中率。

　　火炮的性能指标非常多，除了上面讲到的外，还有炮管寿命、保障力度等。总之，衡量一门火炮的好坏，需要对这些性能指标进行全面分析才能够得出客观的结果。

三、火炮在战争中的作用

　　火炮对现代战争来说作用巨大，在有火炮参战的历次战争中都发挥着决定性作用。例如第一次世界大战，火炮几乎参加了所有的大小战役。

　　第二次世界大战欧洲战场的主要战争方式为阵地战，阵地战是非常残酷的，完全靠拼火力和给养，双方的火力配置会直接决定战争的胜负。在战争初期，由于德军大量装备具有大口径火炮的装甲部队，再配合飞机进行快节奏的闪电战，几乎势不可当，短短一个月便消灭了波兰，一个多月时间消灭了当时世界上最强军事大国之一的法国。但是在第二次世界大战后期，面对苏军动辄成千上万门的大炮，战斗力超强的德军也只能灰飞烟灭了。

　　由于火炮技术在第二次世界大战已经比较成熟，所以火炮直接成为战争胜败

的决定性因素，而枪械则仅仅执行战争结束前的战场清理任务。

在海湾战争、伊拉克战争等今天的现代化战争中，虽然火炮不再起到决定性作用，但是依然是陆军的主力装备。不论是坦克还是装甲车，火炮都是主要武器。

由于军事科技的不断发展，一些种类的火炮逐渐退出历史舞台，例如超大口径的舰炮就被反舰导弹所取代。但是火炮却依然有着非常重要的地位，在陆军中，不仅坦克、装甲车这类陆战之王的主要武器依然是火炮，而且在步兵中火炮也更为普及，以前营级、团级部队才能装配的迫击炮，现在连、排甚至班就已经开始装配，而且火箭筒这类以前非常稀有的重火力武器也普及最小编制的作战分队。

1. 陆军

陆军中的炮兵是最主要的兵种之一，往往和步兵、装甲兵混编。目前炮兵的最大编制一般为"旅"或者"团"，以前的炮兵师则逐渐退出战争舞台。除了这些编制较大、相对独立的炮兵部队之外，迫击炮、火箭筒、榴弹发射器这类口径较小、重量较轻的火炮则直接装配到步兵班、排、连等各级编制中。

陆军的炮兵部队种类较多，功能不一。例如高射炮部队，主要用来防空，攻击敌方的飞机和导弹，现在往往和防空导弹部队混合使用，或者直接混编在一起。榴弹炮的口径较多，目前装配最多的大口径榴弹炮为155毫米，例如美军的M109A6和中国的PLZ-05。目前滑膛炮主要作为反坦克炮使用，同时坦克炮也是滑膛炮，随着反坦克导弹的发展，滑膛炮家族已经大大缩水，目前滑膛炮一般只装备坦克和装甲车，如美国的M1A1"艾布拉姆斯"坦克就装配120毫米口径的滑膛炮。严格来说，滑膛炮也属于加农炮的一类。

2. 海军

海军中，舰炮依然坚挺地占据着它已经占据了数百年的位置。从小的巡逻艇、导弹艇到大型的驱逐舰、巡洋舰甚至两栖攻击舰和航空母舰都依然装配着火炮。虽然它们已经从最开始的主战武器演变成为现在的副武器或者防御武器，但是其作用依然非常明显。

小型舰艇由于缺乏导弹这类重型武器，所以火炮理所当然成为其主要攻击和防卫武器。

护卫舰、驱逐舰、巡洋舰这些目前世界上最主要的中大型水面舰艇都还装配着较大口径的舰炮，例如，欧洲地平线级驱逐舰（排水量7000吨）配备76毫米口径的舰炮，美国的提康德罗加级宙斯盾巡洋舰（排水量超过9500吨）更是配备了

▲大口径舰炮

127毫米口径的舰炮。除此之外，它们还装配着专门用来对付反舰导弹和飞机的小口径速射炮，这些速射炮堪称巨舰的贴身防御武器。由此可见，在一定时间内，舰炮在军舰上面的地位依然非常坚挺。

3. 空军

对于空军，目前几乎所有的战斗机都还装配着20毫米或者更大口径的机炮。例如广泛装配世界各国空军的F-16和苏-27战斗机，它们都分别装配着20毫米和30毫米的机炮，用来杀伤地面的有生目标或者在特殊情况下攻击空中和海上目标。而且美军还研制出了AC-130这个攻击机中的异类，它不仅装配着2门20毫米机炮和一门40毫米机炮，而且还有一门口径达到105毫米的榴弹炮，由于装配着非常强的火力，而且有着骇人的体积，所以它还有一个非常形象的别称——飞行炮艇。

由此可见，目前世界各国主要军种的主要武器装备依然为火炮。特别是陆军，作为最重要的武器装备，火炮基本上实现了自动化，如坦克、装甲车等。榴弹炮也往往是安装在一些具有较强机动能力的装甲车底盘上面，再辅以强大的装甲。当然，由于价格原因，一些二线、三线武装力量的火炮依然采用牵引方式。

第2节 火炮的组成

火炮通常由炮身和炮架两大部分组成。炮身包括身管、炮尾、炮闩等。身管用来赋予弹丸初速和飞行方向；炮尾用来装填炮弹；炮闩用以关闭炮膛，击发炮弹。炮架由反后坐装置、方向机、高低机、瞄准装置、大架和运动体等组成。反后坐装置用以保证火炮发射炮弹后的复位；方向机和高低机用来操纵炮身变换方向和高低；瞄准装置由瞄准具和瞄准镜组成，用以装定火炮射击数据，实施瞄准射击；大架和运动体用于射击时支撑火炮，行军时作为炮车。

一、炮身

炮身由身管、炮尾、炮闩、半自动机和炮口装置组成。

身管。身管是发射时赋予弹丸初速、转速和射向的管状件，其内部称炮（内）膛，由药室、坡膛和导向部组成。药室是发射药放置的空间，其径向尺寸大于导向部，其结构形状随不同类型的炮弹而异；导向部是发射弹丸过程中导引弹丸运动的管状空间，如果发射的弹丸靠高速旋转运动保持在空气中稳定地飞行，在其上则制有膛线；如果发射靠尾翼稳定飞行的弹丸，则为光滑圆柱面。前者称线膛导向部，后者称滑膛导向部。

炮尾。炮尾是连接身管与炮闩、安装半自动机的构件，是发射时重要的承载件，按结构分为螺式炮尾和楔式炮尾。

炮闩。炮闩是闭锁炮膛、容纳击发机构、底火装填和抽筒（壳）机构的构件。按结构与炮尾对应分为螺式炮闩和楔式炮闩。

半自动机。半自动机是利用火炮后坐或复进部分能量，完成开门、抽筒和关门的机构。半自动机包括开门机构、抽筒机构和关门机构，通常安装在炮闩、炮尾和摇架上。

炮（膛）口装置。炮口装置通常指炮口制退器和消焰器，有的火炮则是炮口助退器、导流器。炮口制退器是利用弹丸飞离炮口后火药燃气的后效作用，通过不同结构和参数的设计，减少火炮后坐力的装置；消焰器是运用气体动力学原

弹丸

反射隔板

发射药气体

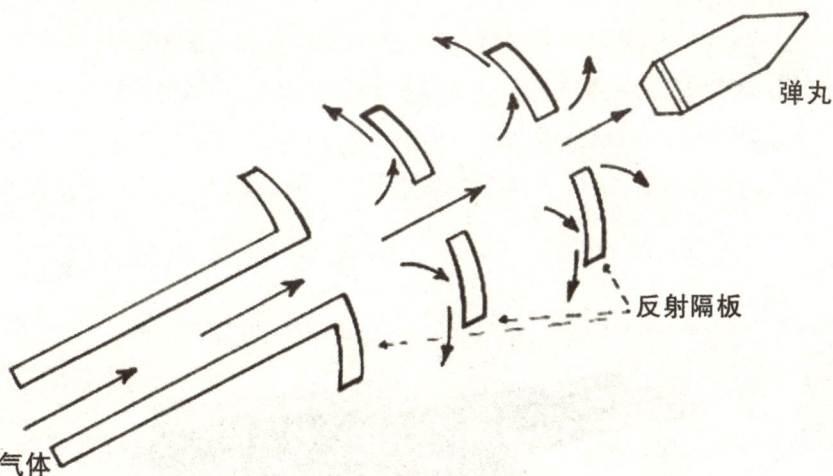

▲炮口制退器的工作原理

理，在弹丸飞离炮口后，高温高压火药燃气按要求的规律膨胀，减少乃至消除炮口火焰的装置；炮口助退器是利用后效期火药燃气的能量，加速自动机构件运动的装置；导流器则是某些火炮为了避免后效期火药燃气从膛口流出时在某侧的影响而向另一侧导出的装置。

除此以外，坦克炮、自行加榴炮、自行反坦克炮在身管上附有抽气装置，开门前把膛内剩余的火药燃气从炮口排出，避免对战斗舱的污染；射速较高的枪、炮则有各类身管冷却系统；坦克炮和反坦克炮在身管外装有热护套，以减小身管在阳光照射等条件下产生的弯曲变形对射击精度的影响等。

二、制退机与复进机

为了避免膛内火药燃气的合力直接作用到炮架上，在炮身与炮架之间采用弹性连接，从而大幅度减小发射时炮架的受力，这种弹性连接的装置称为反后坐装置，包括制退机、复进机。

制退机。制退机是把发射时火药燃气作用在炮身上的后坐能量，按设定的阻力规律在一定长度内消耗掉的装置。

复进机。复进机是储存炮身后坐时部分能量，在后坐到位后释放出来，使炮身复进到原位的装置，它应确保在任何射角时后坐部分不下滑和复进到原位。复进机力是后坐阻力的组成部分。

当制退机和复进机综合为一体时，称为制退复进机。

由于大部分制退机是通过液体按一定规律喷射以增熵的形式消耗后坐动能，这部分能量转化为热能使液体升温，液体体积增加，而散热冷却后又复原。当火炮持续射击时，温升使制退液体积增加，为了保证制退机正常工作，有的火炮在制退机内留存适量空间，有的火炮需要设有液量调节器，使因温升而膨胀的那部

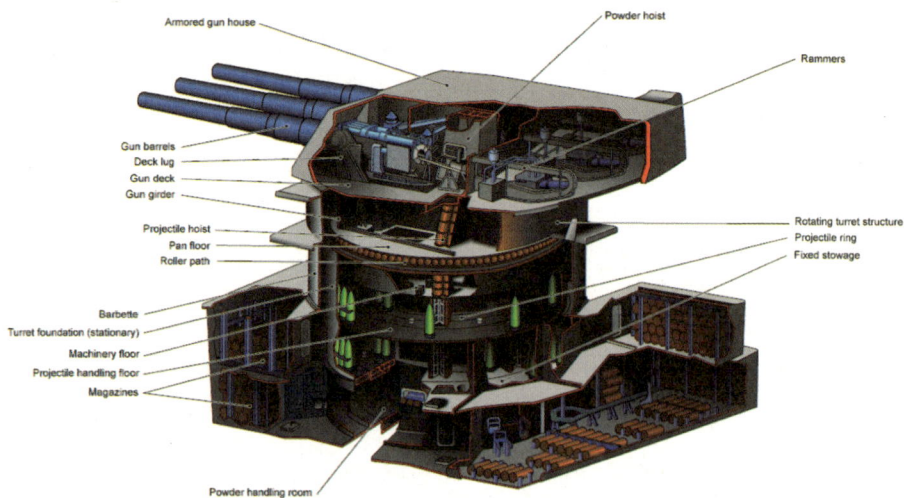

▲ 美国海军 16 英寸（40.6 厘米）的炮塔结构示意图

▲炮塔自动装填弹药结构示意图

分液量流入调节器内，液体降温后又流回制退机。

应该指出的是，参加后坐复进运动的除了炮身以外还有制退机、复进机部分构件和炮身与摇架连接的部分构件，这些零部件的全部统称为火炮的后坐部分，这部分的质量对火炮设计十分重要。

三、炮架

炮架是支撑炮身及其他构件，赋予炮身方位、高低角，导引后坐复进运动，承受火炮发射和运动时的载荷的所有构件的总称。

摇架。摇架是支撑火炮的后坐部分，导引后坐复进运动，连接炮身与反后坐装置，安装半自动机的开闩板，提供高低机、平衡机接口的主要构件。以它为主体，包括上述各种装置与构件，组成火炮的起落部分，赋予炮身高低角。摇架上有炮耳轴，它承受起落部分的质量，是俯仰运动的回转中心，也是传递发射时作用在炮架上载荷的主要构件。摇架通过耳轴与上架连接，在其上也可安装供输弹装置。

上架。它通过耳轴座与起落部分连接，安装高低机、平衡机、方向机和防盾，赋予炮身方位角。上架上装有立轴与下架连接，是火炮方位角的回转中心。

以上架为主体，在其上安装、连接的全部装置与构件组成火炮的回转部分。耳轴座接受从耳轴传递过来的载荷，再传递到下架。对于高射炮和坦克炮、自行炮，该部分称为托架。坦克炮和有的自行炮，其托架与炮塔固连，通过座圈与车体连接，座圈中心即为回转中心。

下架。下架是牵引式火炮的构件，它支撑火炮回转部分，连接大架和运动体，其上备有方向机的接口。

大架。大架是牵引式火炮的构件，它与车轮或座盘共同支撑全炮，把载荷传递到大地，与牵引车联结实施运动。大架对火炮发射时的动力特性有重要影响，与火炮的使用操作关系密切。为了使火炮射击时与地面的连接稳定可靠，在大架上设有驻锄或驻桩。有的火炮装有座盘作为射击时的前支点而让车轮离地。

四、瞄准系统

瞄准具。瞄准具为安装在火炮耳轴上供人工装定射击诸元用的装置。有了火控系统后，则为辅助装置。

高低机。高低机为使火炮起落部分俯仰，赋予并保持炮身射角的机构，有齿

▲ 瞄准系统

轮齿弧式、螺杆（滚珠丝杠）式、液压缸式。

方向机。它是使火炮回转部分绕回转中心回转，赋予并保持炮身方位角的机构，有齿轮齿弧（圈）式和螺杆式。

瞄准镜座。它是安装周视瞄准镜和直接瞄准镜的构件，连接在回转部分上。

平衡机。由于大多数火炮的起落部分质心与耳轴中心有距离，因而在进行俯仰操作时必须克服由此产生的力矩，为了符合人机工程学的要求，需要一个与之相反的平衡力矩，提供平衡力矩的装置就是平衡机。对于坦克炮和舰炮来说，由于地形起伏和海浪的作用，产生随机的俯仰摇摆，平衡机无法满足要求，因而，通常在总体布置时使起落部分质心非常接近耳轴中心，只需设置体积很小的补偿簧，而不配置平衡机。

五、行走系统

行走系统是火炮靠人力、机械在地面上运动时，为了具备良好的运动性能而设置的机构和装置。对于自行炮、航炮、舰炮和固定的海岸炮，火炮是分别搭载在车辆、飞机、舰艇和安装在固定炮位上的，因而不存在这个系统。

车轮与车轴。车轮通过车轴安装在下架上，车轮与车轴之间用滚动轴承连接；车轮有的用实心海绵内胎，也有用气胎的，前者比后者重但不易爆裂，有了自补技术后，后者轻便、缓冲性能好的优势更加吸引人，因而选用较多。

行军缓冲器。它是减少火炮行军时地面冲击载荷的装置。为了减小体积与质量，缓冲用的弹性体一般用扭杆（扭力轴），也有的火炮只依靠车轮的气胎缓冲，没有专门的缓冲装置。

刹车装置。火炮在地面运动或进入、撤出阵地时都需要有刹车装置，一般兼有与牵引车同步的刹车装置和手动刹车装置。

辅助推进装置。有的牵引炮为了便于短距离机动和进出阵地，装有专门的辅助推进装置，运行速度不高，发动机功率较小。

六、其他系统和装置

自动机。自动机是自动武器的核心部分，是完成自动循环的全部动作，实现连续发射的所有机构的总称。具有自动机的火炮称为自动炮。

供输弹系统。供输弹系统是对较大口径的火炮，能完成弹药装填全部动作机构的总称。对于自动炮，自动机就含有供输弹系统。

▲供输弹系统

防盾。固定在上架上的护板，用以防护子弹、弹片和炮口冲击波对操作人员和瞄准器材的毁伤，对于牵引式火炮还可以使炮手具有一定的安全感。

行军固定器。行军时固定起落部分和回转部分的机构。要求作用可靠、操作方便。

战斗固定器。是牵引式火炮射击时防止大架向内收拢的装置。

调平装置。牵引式火炮进入阵地后，无须人工干预就能保证两个车轮和两个驻锄四点着地，使火炮稳定地支撑在地面上的装置。对于带座盘的牵引炮则无须此装置。

引信装定装置。当采用时间引信或多功能引信控制弹丸爆炸时，需要在引信上装定时间或作用方式（瞬发、短延期、延期），能根据接受的指令，完成引信时间或作用方式装定的装置，称为引信装定装置。纯机械的装置最简单的是专用引信装定扳手，最复杂的是引信测合机。采用数字技术的电子时间引信，要有专门的电子引信装定系统，由于此类引信可方便地实施遥控装定，因此称为引信遥控装定系统。

第**3**章 火炮之王——榴弹炮

随着战争局势的不断变化，生产力的发展，榴弹炮也在不断地得到改进。从15世纪最早的榴弹炮开始，到16世纪就有了采用一种带木制信管的球形爆破榴弹。各国部队多用榴弹炮来装备攻城部队和要塞炮兵。在17世纪时，榴弹炮已经用于野外作战，19世纪，榴弹炮由滑膛炮改为线膛炮，它的球形爆破弹也变成有弹带的长圆柱形弹丸。

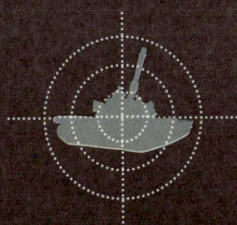

第1节　认识榴弹炮

榴弹炮刚问世，便赢得火器至尊的美名。因为它的体积大，可以大面积杀伤敌人的有生力量，榴弹炮在战场上可以执行多种战斗任务，战斗用途广泛。在战争中发挥了不可替代的作用，在火炮家族中占有重要的地位。

一、榴弹炮的发展

榴弹炮是地面炮兵的主要炮种之一，17世纪，这种射角很大的炮在欧洲被称为榴弹炮，19世纪开始采用变装药，第一次世界大战时炮身长为15～22倍口径，最大射程达14.2千米。在第二次世界大战中，炮身长为20～30倍口径，最大射程达18.1千米，初速为635米/秒，最大射角65°。榴弹炮在19世纪中期采用了变装

▲美国 M114 榴弹炮

▲155 毫米榴弹炮

药，射角为12°～30°，炮身长为口径的7～10倍。第一次世界大战中，有相当数量的国家军队竞相装备榴弹炮，导致新的型号层出不穷。当时，榴弹炮的炮身长为口径的15～22倍，最大射程可达14.2千米，最大射角一般为45°。在德军攻击比利时的要塞中，曾使用口径为420毫米M型榴弹炮，其最大射程为9.3千米，弹重1200千克。第二次世界大战期间，很多国家不再对口径在203毫米以上的重榴弹炮进行发展。这一时期榴弹炮的炮身长为口径的20～30倍，初速达635米/秒，最大射角达65°，最大射程可达18.1千米。20世纪60年代，榴弹炮已发展到炮身长为口径的30～44倍，初速达827米/秒，最大射角达75°，发射制式榴弹，最大射程达24.5千米，发射火箭增程弹最大射程达30千米。经过逐步发展，榴弹炮的性能有了质的飞跃，并且能够进行同口径加农炮的任务，因而很多国家已用榴弹炮代替加农炮。

二、榴弹炮的特点

榴弹炮弹道较弯曲，弹丸的落角很大，接近沿铅垂方向下落，因而弹片可均匀地射向四面八方。榴弹炮可以配用燃烧弹、榴弹、特种弹、杀伤子母弹、碎甲弹、制导弹、增程弹、照明弹、发烟弹、宣传弹等多种弹药，采用变装药变弹道

▲美国 M109 A6 Paladin 自行火炮

可在较大纵深内实施火力机动。

三、自行榴弹炮

自行榴弹炮是同车辆底盘构成一体、靠自身动力运行前进的榴弹炮。它具有越野性能好，进出阵地快，多数有装甲防护，战场作战力强，便于和装甲兵、摩托化步兵协同作战等优点。第一次世界大战期间，榴弹炮开始出现。在第二次世界大战期间迅速发展。第二次世界大战后，有很多国家把它列为发展重点，并逐渐成为现代炮兵发展的一大方向。

自行榴弹炮分为履带式自行榴弹炮和车载式自行榴弹炮。

履带式自行榴弹炮有着十分显著的优点，但是缺点也是不容忽视的，比如战略机动性较差，对后勤保障要求高，从而降低了它的使用方便性。在这样的历史背景之下，独具特色的轮式自行榴弹炮应运而生，成为火炮发展中十分重要的一环。

车载式自行榴弹炮是以一种成本较低廉的牵引式榴弹炮与卡车底盘有机结合，通过巧妙设计而成。车载式自行榴弹炮具有较强的战术机动性、快速反应能力的优点，与履带式自行榴弹炮相比，还具有列装成本低和操作、维修方便等特点。

第2节 榴弹炮集锦

　　榴弹炮，是一种身管较短，弹道比较弯曲，适合打击隐蔽目标和地面目标的野战炮。榴弹炮按机动方式可分为牵引式和自行式两种，其中，自行式榴弹炮主要有苏联的74式122毫米自行榴弹炮，美国M109A2式155毫米自行榴弹炮，英国AS90式155毫米自行榴弹炮，法国F1式155毫米自行榴弹炮，日本75式155毫米自行榴弹炮等。

红色战神：122毫米榴弹炮M1938（M-30）（苏联）

M-30 榴弹炮迷你档案	
战斗全重	2000 千克
口径	122 毫米
最大射程	11.8 千米
最大速度	10 千米 / 小时

　　M-30是苏联生产的121.92毫米榴弹炮。20世纪30年代末，这种武器由F.F.彼得罗夫所领导的团队设计，其生产期从1939年一直持续到1955年，之后逐渐被D-30型榴弹炮取代。

　　第二次世界大战中，这种火炮是苏联红军师级作战单位的主力支援火炮，纳粹德国和芬兰军队也对一些缴获来的M-30型火炮进行装备。第二次世界大战结束后，许多社会主义国家从苏联接收了大量的该型火炮，在20世纪中后叶，M-30型榴

弹炮仍然在中东地区的战争之中大显身手。

M-30榴弹炮的车轮采用海绵填充橡胶胎。这种结构与充气轮胎相比，更适合重型火炮，而且不易被弹片、枪弹击中而丧失作用，因此它的使用寿命较长，但牵引速度较充气轮胎低，质量大，行军时海绵胎内部摩擦生热多，可能将海绵胎熔化，另外在阵地和炮场长期停放会使海绵胎一侧长期受压变形，因此部队在保养火炮时，需要定期将海绵胎转动一个角度。

为了让轮胎的摩擦力进一步减小，车轮采用锥形滚珠轴承。两侧车轮虽然构造相同，但不能左右互换，因为两侧车轮上的螺栓、螺帽方向是反向设置的，左车轮上为左旋，右车轮上为右旋，其目的自然是避免行军时突然减速或者刹车造成螺帽松动。

射速之王：2C19式152毫米自行榴弹炮（俄罗斯）

2C19式152毫米自行榴弹炮迷你档案	
战斗全重	42500千克
最大初速	810米/秒
最大射速	8发/分
最大射程	24.7千米（榴弹）；30千米（火箭增程弹）
最大行程	500千米
最大速度	60千米/小时

2C19式152毫米自行榴弹炮是俄罗斯装备的新式火炮之一，它是2C3式152毫米榴弹炮的后继型，也称为"姆斯塔–C"榴弹炮，北约称之为M1990式。该炮于1984年开始研制，主设计师是尤·托马舍夫。1987年开始批量生产，1989年开始服役，1993年在阿布扎比国际防务展览会上首次公开展出。截止到2002年1月，该炮共生产了566门。

2C19式自行榴弹炮主要由火炮、炮塔、底盘等部分组成，战斗全重42500千克。该炮具有高机动性、大威力和三防能力，能满足现代炮兵的要求，可使用到22世纪。俄罗斯已将该炮推向世界军贸市场，出售单价约为160万美元。

　　2C19式152毫米自行榴弹炮的驾驶室位于车体前部，炮塔居中，动力室位于车体后部。该炮的身管是根据2A65式152毫米榴弹炮身管改进而成的，型号为2A64式152毫米长身管火炮，配有三室炮口制退器和炮膛抽气装置。反后坐装置为液压气动式，驻退机和复进机分别装在炮尾部顶端的两侧。

　　2C19式152毫米自行榴弹炮采用自动装填系统，并配有半自动装药装填装置。不同的弹丸可放在同一弹架上，装填控制系统自动寻找输弹槽内所需的弹丸。位于炮塔后面的另一个输弹槽供发射外部弹药时使用，该输弹槽可折叠起来固定在炮塔上，装药输送槽则折叠在炮塔内。这样既可以8发/分的射速发射车内携带的弹药，又可以6发/分射速发射车外供给的弹药。可移动的装填盘和计算机控制的供弹系统允许以最大射速在任何高低与方向射角射击，而不必使身管回到装填位置。

　　电力驱动的封闭式全焊接钢制炮塔位于底盘中部，可360°回转。炮塔顶部右前侧有指挥塔，潜望镜观察孔位于炮塔顶左前部。指挥塔上装有1具白光/红外探照灯和1具昼间/红外观察装置。指挥塔顶部安装了1挺HCBT式12.7毫米高射机枪，机枪由炮长遥控，前部两侧各有3具烟幕弹发射器。整个炮塔后壁作为炮弹架，弹药装填装置位于炮塔内左后方。此外，炮塔内还有三防装置。

完美杰作：M109A6"帕拉丁"155毫米自行榴弹炮（美国）

M109A6式自行榴弹炮迷你档案	
战斗全重	28400千克
最大初速	827米/秒
最大射程	30千米
最大行程	283千米
最大速度	55千米/小时

　　M109型自行榴弹炮是世界上装备数量和国家最多、服役期最长的自行榴弹炮之一。第一辆样车于1959年制成，最初打算使用156毫米口径。该车克服了原来M44（155毫米）和M55（105毫米）自行榴弹炮敞开式炮塔和高大笨重的缺点。经过设计鉴定，1963年7月M109正式开始装备美军的装甲师、机械化步兵师和海军陆战队。作为美军和北约的主力自行榴弹炮，M109可以用飞机空运。生产量

▲M109 自行火炮中开启的炮闩

达到约7000辆。其中美军装备2400辆，其他出口到英国、德国、加拿大、以色列、埃及、伊朗、伊拉克等国。而M109A6作为M109系列里最新改进型在1993年装备美国陆军。M109A6 Paladin "游侠" 1992年4月装备。战斗全重增加到28700千克；采用半自动装弹系统，成员人数减少到了4人；换装M248火炮，身管和发射药进行了改进，榴弹射程增加到23.5千米；新型带 "凯夫拉" 装甲的焊接炮塔；全宽炮塔尾舱，可以储藏更多发射药；基于电子计算机的新型自动火控系统，和其他战斗车辆实现了战场信息资源共享，可以在60秒之内完成从接受射击命令到开火的一系列动作；还载有新的隔舱化系统、新型自动灭火抑爆系统、特种附加装甲等。在发射之后能够迅速转移阵地。

M109A6型榴弹炮是美军用于数字化战场的第一种武器系统，是在M109系列自行榴弹炮基础上改进而来的。改进后的 "帕拉丁" 火炮数字化程度高，火控系统/电子设备比较先进，与以往的M109系列榴弹炮相比，M109A6在反应能力、生存能力、杀伤力和可靠性方面都有所提高。该炮由于配用了炮上弹道计算机与定位导航系统、火炮自动定位装置和单信道地面与空中无线电系统，使其快速反应能力大大高于美国陆军现装备的M109A1/A2型自行榴弹炮。

M109A6型自行榴弹炮无论在白天还是夜间，都能在60秒内独立完成接收射击任务、计算射击诸元、占领发射阵地、解脱炮身行军固定器、使火炮瞄准目标和首发命中目标。火炮发射后，能立即转移到一个新阵地，并执行另一项发射任务。该炮所具有的这种"打了就跑"的能力，再加上它在设计时所采取的减小易损性的措施，不仅使它的生存能力得到很大程度的提高，而且能够确保在整个战斗中有更多的榴弹炮能坚持战斗，以支援己方的机动部队。

长寿铁甲：AS90式155毫米自行榴弹炮（英国）

AS90式155毫米自行榴弹炮迷你档案	
战斗全重	46300千克
最大初速	827米/秒
最大射程	24.7千米
最大行程	420千米
最大速度	53千米/小时

AS90式155毫米自行榴弹炮是英国维克斯造船与工程有限公司（现英国宇航系统公司皇家军械防御武器分公司）研制的，1992年正式装备部队。该炮主要装备在英陆军野战炮兵团。目前，英陆军编有5个AS90式155毫米自行榴弹炮团，每团下辖4个连，每连装备8门火炮，全团共装备32门。

AS90式155毫米自行榴弹炮是英国陆军现装备的唯一一种

自行火炮系统，也是西方国家最早列装的新一代现代化的自行火炮，其最大特点是应用了自动瞄准系统，最大射击速度达6发/分。

此外，AS90式155毫米自行榴弹炮还配有一部火炮自动瞄准系统，它从"贝茨"炮兵射击指挥系统接收目标信息。这种瞄准系统有很大的发展潜力，有可能导致火炮全面的自主式操作，大大减少对乘员操作的需要。

近年来，英国正在着手将现有的179门AS90式155毫米自行榴弹炮改进为"勇敢的心"自行火炮。该炮配用52倍口径的身管和南非M90式双模块发射装药系统，其火控系统也有改进，发射英国L15式制式榴弹和新型弹底排气弹的最大射程分别达30千米和41千米。

目前，英国还为AS90式155毫米自行榴弹炮制订了长远改进计划，其中包括在炮塔内配以炮载火控计算机、新型数字式信息传输系统、GPS全球定位接收机、初速测定仪、车辆电子系统、引信自动装定器和身管温度和曲率传感器等装置，还将配备主、被动式防护系统。经过这些改进后的AS90式自行榴弹炮已于2010年装备部队。

轻型天使：M777 牵引式榴弹炮（英国）

M777 牵引式榴弹炮迷你档案	
战斗全重	3745 千克
口径	155 毫米
最大初速	827 米 / 秒
最大射程	30 千米
最大速度	60 千米 / 小时

　　英国BAE公司为美国陆军研制的M777式榴弹炮是一种超轻型155毫米野战榴弹炮，其最大特点是重量轻，全重仅为3745千克，比美军装备的上一代155毫米牵引榴弹炮M198式要轻1/2，可以方便地使用"黑鹰"、"支奴干"之类的直升机吊运，目前该炮已小批量装备美军试用。

　　为减轻重量，M777榴弹炮在制造上大量使用了挤压成型的铝、钛合金，并采用了四角形大架的独特结构，其优点是在减重的同时，确保火炮射击的稳定性。该炮还配备了集成化数字火控系统，安装了电动装弹机和激光点火装置，以及调整射击仰角、方向的电驱动装置等，它的火力打击效能使同类火炮望尘莫及。

目前美军装备正全面向轻型化、数字化转型，及时高效的地面支援和火力掩护是其迅速取胜的关键因素之一。M777榴弹炮以超强的机动能力和迅猛火力将成为美军轻型部队和海军陆战队的主力支援火力。但这种现代款式的火炮由于大量采用了稀有的钛金属作为制造材料，因此价格要比M198榴弹炮贵出很多，而且最大射程也和前者一样同为30千米。

但是M777却有自己的优点。首先，M777榴弹炮的战斗全重只有3745千克，比同样口径的M198榴弹炮（全重4000千克）轻了很多，所有轻型卡车都能轻易地牵引M777榴弹炮，危急时刻甚至连"悍马"越野车也能拉上M777榴弹炮快速转移。其次，M777榴弹炮操作简单，反应迅速。虽然M777炮兵编制是9人，但只要5人就可以在两分钟内完成射击准备。在2003年伊拉克战争中的巴士拉之战中，8门被军用卡车以60千米/小时的速度越野牵引的M777榴弹炮在行进间接到了海军陆战

队第一远征队的火力支援要求。在不到两分钟的时间内，8门M777榴弹炮就完成
了停车、架设和开火的一系列战术动作。3轮急速射击后，8门M777榴弹炮迅速转
移到了3千米外的另一个火炮阵地，整个过程也不到5分钟，这样灵活迅猛的速度
让老式的M198榴弹炮自愧不如。

新型重炮：SFH18 榴弹炮（德国）

SFH18 榴弹炮迷你档案	
战斗全重	5500 千克
口径	149 毫米
最大初速	515 米 / 秒
最大射程	18.2 千米

　　SFH 18（德文：Schwere Feldhaubitze 18）榴弹炮，常被德军昵称为"常绿
树"，是德国在第二次世界大战中的主力重型榴弹炮，每个步兵师都配置了12门
作为师重火力支援。虽然实际口径只有149.1毫米，但是因为前身SFH 13榴弹炮也
是同口径以15厘米命名，因此一直沿用这种命名方式。1930年，该炮研发完成，
1935年5月23日，开始在德国国防军服役。

你知道吗

中国分别于1934年和1936年从德国进口两批共48门SFH18榴弹炮，SFH18历经南京保卫战、徐州会战、武汉会战、昆仑关战役等几乎所有重大战役，给日军以沉重打击。

即使德国在战争中对这门火炮进行大量装备，但是与各国的主力榴弹炮相比，SFH 18却不能算是优秀装备，因为苏联当时主力A-19式122毫米榴弹炮最大射程可达20千米，这种射程劣势使得德国面对苏联炮兵时毫无还手之力；由于德国在开发此炮之后研发的新型大口径榴弹炮都不让人满意，为了增加SFH18的射程，于1941年设计出火箭推进榴弹（15厘米 R. Gr. 19 FES）并配发至前线，此炮也是世界上第一款使用火箭推进榴弹的榴弹炮，不过使用火箭推进榴弹的程序比较麻烦，虽然可以增加3千米的射程，准确率却不敢让人恭维，因此配发后不受好评而很快退出现役。

战后，有很大数量的SFH 18作为战利品在阿尔巴尼亚、保加利亚与捷克斯洛伐克陆军中服役，捷克斯洛伐克陆军的SFH 18炮管口径被磨成15.2厘米以符合红军的弹药口径，此种改变口径的火炮编号为VZ 18/46。

模范榜样：PZH2000 自行榴弹炮（德国）

PZH2000 自行榴弹炮迷你档案	
战斗全重	55000 千克
最大初速	900 米 / 秒
最大射程	34 千米
最大行程	420 千米
最大速度	60 千米 / 小时

　　为适应21世纪作战需要，德国研制了PZH2000型155毫米自行榴弹炮，1998年开始装备德军。主要装备在野战炮兵营，每营下辖3个炮兵连，每连装备6门炮。到2002年年底，德国陆军已经接收了185辆PZH2000自行榴弹炮，随着希腊、荷兰、意大利、瑞典相继订购这种武器，它很快就成为"欧洲自行榴弹

你知道吗

你知道吗

德国第二次世界大战时威力最大的"猎虎"坦克歼击车，火炮口径128毫米，身管长为55倍口径，在当时是威力最大的自行火炮之一。因此新型PZH2000火炮秉承德军火炮威力强大的优势，被称为世界上第一种正式装备部队的52倍口径155毫米自行榴弹炮，引领世界火炮发展趋势，同时也被认为是欧洲火力最强大的自行榴弹炮。

炮"。PZH2000型155毫米自行榴弹炮是世界上第一种投入现役的符合北约第二份弹道调解备忘录的自行榴弹炮，也是目前战术性能最优异的陆军身管压制火炮。

PZH2000型155毫米自行榴弹炮近距自卫武器为一挺MG-37.62毫米机枪。车身可抵御榴弹破片和14.5毫米穿甲弹；可加装反应装甲，有效防御攻顶弹药。此外炮塔前、后方共设有16具全覆盖烟幕弹发射器，发射的烟幕弹为多频谱式，除了遮蔽目光外也能阻绝激光与红外线等。

PZH2000型155毫米自行榴弹炮自动炮弹装填系统能处理60发155毫米弹药，炮弹获得是从位于车辆后部和在底盘中心的最大容量60发弹药的弹舱中自动装载。PZH2000型155毫米自行榴弹炮的自动装填系统从车身中段的弹舱一直延伸至车尾，弹种选择、发射药装填、炮弹引信设定以及将炮弹上膛等完全自动化。当需要从外部补充弹药时，打开车体后方的弹舱门，将炮弹放入舱门口的定点，接着炮弹输送系统就会自动将炮弹送往弹舱并摆入定位。

PZH2000型155毫米自行榴弹炮最大的特点是射程远：在发射L15A1北约标准炮弹时，射程为30千米；在发射增程弹时，射程达40千米。这样它就可以在目前各国装备的火炮的射程外开火，保证了自身的安全。该炮另一个特点是弹药储备量大，车内装有60枚弹丸和67个装药，能组成60发分装式炮弹，是老式M109火炮储弹量的两倍多。其配备的弹种有杀伤爆破榴弹、子母弹等。

将军风范："恺撒"155 毫米自行榴弹炮（法国）

"恺撒"155 毫米自行榴弹炮迷你档案	
战斗全重	17400 千克
口径	155 毫米
最大射程	42.5 千米
最大行程	600 千米
最大速度	100 千米 / 小时

为了满足可以在世界范围内快速部署部队的作战要求，不少国家都在研制一种射程远、威力大、重量轻、战略机动性好的轮式自行榴弹炮。这种自行榴弹炮

　　大多是将牵引火炮安装在普通卡车上，称为装在卡车上的自行榴弹炮或车载式自行榴弹炮。此类自行火炮的最杰出代表作，就是法国"恺撒"（CAESAR，法文"卡车载炮兵系统"缩写的音译）155毫米自行榴弹炮。法国陆军2000年10月订购的5门"恺撒"火炮，已于2003年6月交付完毕。"恺撒"系统正式列装后将取代现役的TRF-1式155毫米牵引榴弹炮和AUF-1式155毫米自行榴弹炮。"恺撒"在国际市场上的表现也非常活跃，在美国和澳大利亚都有生存空间。

　　法国"恺撒"运载车是由德国"奔驰"U2450L型6轮式卡车改装而成，"奔驰"U2450L车是一种6×6型越野载重卡车。该车采用6缸直列式涡轮增压柴油发动机，在转速2600周/分时，最大功率176.5千瓦。行动装置采用14.5R20轮胎，配有中央充气系统和泄气保用轮胎，装有螺式缓冲弹簧和筒式减震装置，从而保证车辆能够平稳地高速行驶，车净重15900千克，战斗全重为17400千克，可以方便地进入C-130运输机的后部货舱，从而进行远距离战略运输，快速投入战场使用。"恺撒"采用北约标准身管长为52倍口径的155毫米榴弹炮身管，该炮身是以法国原155AM-F3自行榴弹炮改进而成，炮架采用法军炮兵现装备的TRF1式155毫米牵引榴弹炮的炮架，考虑到目前有些国家装备的仍是身管长为45倍口径或39倍口径的155毫米榴弹炮，"恺撒"也可以根据用户要求改装这两种身管。

"恺撒"的火炮装于车体尾部,炮身左侧可储存18发弹丸,右侧为18发弹的发射药。"恺撒"除装备有传统的普通榴弹外,还装备有破甲弹、增程弹和远程全膛底部排气弹、高爆弹、子母弹和新一代精确制导炮弹。由于采用了新设计的快速送弹装置,因此可保证在开始射击的爆发射速达到15秒内发射3发炮弹,最大持续发射速度6~8发/分,并且最大射程可达42.5千米。

"恺撒"自动化程度高,配备有GIAT与EADS公司防务电子分公司研制的先进计算机火控系统和国际技术公司的炮口初速测量雷达系统,以及激光陀螺三轴导航系统与GPS接收机。其导航、瞄准、弹道计算和指挥辅助等电子设备全部车载,具备自动数据传输、持久精确定位、自动火炮瞄准和射击后自动重新瞄准等能力,因此火炮可完全自主作战。

东瀛战神:99式自行榴弹炮(日本)

99式自行榴弹炮迷你档案	
战斗全重	40000千克
口径	155毫米
最大射程	40千米
最大射速	6发/分
最大速度	50千米/小时

99式自行榴弹炮是日本陆上自卫队装备优良的自行榴弹炮,主要用于替代FH70式和75式155毫米自行榴弹炮,现在该型火炮主要在北部军区各师团的炮兵部队装备。

99式自行榴弹炮的车体前部左侧是动力舱,右侧是驾驶室,车体中后部是战斗室。驾驶员席在右侧,驾驶员上方有一个水平开启的舱门,装备3具潜望镜。车体

前部左侧顶部有水散热器的百叶窗。车体部分的外观和日本的89式步兵战车看上去十分相像，几乎相差无几。不过，日本军方称99式自行榴弹炮的车体是重新进行设计的，但底盘上的某些部件可以和89式步兵战车的部件通用。

99式自行榴弹炮的车体每侧有7个中等直径的负重轮、3个托带轮，主动轮在前，诱导轮在后，这也是自行榴弹炮通常的布置方式。第1、2、6、7负重轮处装有液压减震器。3个托带轮不是一线排列，中间的托带轮位于履带外侧，前后2个托带轮位于履带内侧。这样设计的用意是相当明显的，就是可以使上支履带更平直。悬挂装置为扭杆式。履带板为双销式，端部连接，履带板上装有橡胶垫块。这种履带虽然和89式步兵战车的履带相似，但二者还是有很大差别的。

99式自行榴弹炮的火控系统相当先进，它具有自动诊断和自动复原功能。虽然炮车上并没有装备GPS系统，但是，车上装有惯性导航装置（INS），仍然可以自动标定自身位置，并且可以和新型野战指挥系统（新FADAC）信息共享。这样，从炮车进入阵地到发射第一发弹，只需要短短的1分钟时间，便于采取"打了就跑"的战术，从而将阵地迅速转移。

战神新宠：K9"霹雳"155毫米自行榴弹炮（韩国）

K9"霹雳"155毫米自行榴弹炮迷你档案	
战斗全重	46300千克
最大初速	924米/秒
最大射程	40.7千米
最大行程	360千米
最大速度	67千米/小时

　　1989年，韩国防卫发展局开始进行新型自行榴弹炮的研制工作。关键性要求包括提高射速、射程、射击精度及缩短行军/战斗与战斗/行军转换时间以及高机动性等。所有这些将使武器系统的战场生存能力大大提高。经过竞争，韩国三星造船与重工业公司成为新型52倍口径155毫米自行榴弹炮的主承包商。1998年，K9自行榴弹炮最终定型。目前已组建了第一个炮兵营，包括3个炮兵连，每个连装备6门K9式自行榴弹炮。

　　很长一段时间以来，韩国军队的作战思想和装备建设思路都将朝鲜作为主要假想敌。1989年7月，韩国国防部提出了研制新型52倍口径的155毫米自行榴弹炮，试图在纵深支援火力上，具有与朝鲜陆军强大的炮兵相抗衡的能力，能够达到"以质量上的优势换取数量上的差距"之目的。

　　该榴弹炮在总体布置上，车体前部为驾驶室和动力传动装置，驾驶员位于车体前部左前方。驾驶员有1个向后开启的舱门，其上有3具潜望镜，中间的1具潜望镜可换为被动式夜视仪。驾驶员的右侧为动力舱。炮塔和火炮在车体的后部，车长和炮长位于火炮的右侧，有1个顶舱门；装填手立姿位于火炮的左侧，有1个侧面舱。车体后部还有1个较大的车门，供乘员上下车和补充弹药。燃油箱位于车体前部右侧，蓄电池位于车体前部左侧。实际上，这样的布局比许多国家沿用主战坦克的发动机后置底盘要合理得多，因为发动机的后置对弹药的储存空间和炮手的活动空间有很大的限制，而自行火炮的专用底盘为补充弹药和人员进出提供了极大的方便，当然，也可以为技术升级预留较多的空间。

　　K9自行榴弹炮的制式装备包括美国霍尼韦尔公司的模块式定向系统、自动火控系统、火炮俯仰驱动装置和炮塔回转系统。停车时，火炮可在30秒内开火，行军时可在60秒内开火。车内还装有三防系统、采暖设备、内/外部通信系统和人工灭火系统。通过数据数字电台或音频通信设备，K9式自行榴弹炮可接收从连指挥站传来的目标瞄准数据。此外，该炮也能利用车载火控设备计算瞄准数据。

世界一流：FH-77式"弓箭手"155毫米榴弹炮（瑞典）

FH-77式"弓箭手"155毫米榴弹炮迷你档案	
战斗全重	11500 千克
口径	155 毫米
最大射程	21.7 千米
最大射速	3 发/8 秒
最大速度	70 千米/小时

FH-77式155毫米榴弹炮是现在自动化程度非常高的新型榴弹炮。瑞典陆军早在20世纪60年代就提出要发展一种具有短途自行能力的155毫米榴弹炮，1970年年初与博福斯公司签订了研制生产合同，1973年，研制出3门样炮交军方进行试验和试用，1975年签订了批量生产合同，1978年交付第一批10门火炮，1982年瑞典陆军完成换装。

FH-77式榴弹炮是以液压驱动方式进行高低和方向瞄准，因此它没有一般火

炮所采用的高低轨机械传动装置，以及高低轨和方向机手轮，而是靠瞄准手座位处的两个操纵手柄，一个用于操纵火炮方向转动。火炮射击时，起落部分用液压闭锁。在瞄准手座位的前方还装有RIA电子自动瞄准装置，由控制显示器、PKD-6式伺眼控制周视瞄准镜和直瞄镜组成。直瞄镜与一般测试瞄准镜相类似。另外，瞄准装置有自动和手动两种工作方式。

FH-77式榴弹炮配用的主要弹种为M77式低凹杀伤爆破榴弹，其爆炸威力比北约的M107式榴弹大25％。装药为可重复使用的钢底塑料药筒，共有6个装药号，使用最大装药（6号装药）的最大射程为21.7千米。引信是西方国家第一种投入使用的多用途引信，具有长延迟、短延迟、瞬发、超瞬发和敏感、不敏感、超敏感3种近炸共7种装定作用，可任意装定其中一种。除榴弹外，还配有照明弹和发烟弹。照明弹可产生22万支烛光，照明时间为60秒，发烟弹的发烟时间为6分钟。

FH-77式榴弹炮独特的短途自行，能较好地解决牵引火炮的阵地机动问题。在现代战争中，要求火炮尽可能经常和快速地变换发射阵地。而一般用汽车牵引行驶的火炮，其最大弱点就是战术机动性差，进出和转移阵地相当困难。装有辅助推进装置的FH-77式火炮，在进行阵地机动时，则显示了它的优越性：不需汽车开进阵地，也不用完成挂炮上车等项操作，一旦完成射击任务，即可利用火炮本身的短途自行能力，迅速转移到新的阵地上去，以便继续为被支援的部队提供及时有效的火力支援，同时也极大地提高了火炮自身的生存能力。

精确打击：G6 自行榴弹炮（南非）

G6 自行榴弹炮迷你档案	
战斗全重	23000 千克
口径	155 毫米
最大射程	30.8 千米
最大行程	700 千米
最大速度	90 千米 / 小时

"彩虹之国"——南非是非洲第一军事大国，其"号角"主战坦克、装甲车、无人机、导弹、轻武器等在世界上都非常有名，而其中最著名的当属G6轮式自行榴弹炮。该炮于1979年开始研制，1988年正式定型生产，除装备南非陆军之外，还外销多国。

在世界大口径自行榴弹炮中，绝大多数都采用履带式车辆底盘，而G6却选择了

轮式。因为就南非的沙漠平原地形，以及高速长途行军的作战要求而言，轮式更具优势。再者，轮式战车在可靠性、耐久性和可维修性上，也比履带式略胜一筹。

　　轮式之新颖，世上除了G6，再就是"达纳"152毫米自行榴弹炮。然而G6更有奇创。"达纳"重量有23000千克，使用8×8的底盘，而G6重量位列世界火炮前茅，竟只用6×6的底盘。这般技术，实在令人叹服。G6配备M57系列远程全膛弹：普通杀伤爆破弹、底部排气弹、发烟弹、照明弹和白磷燃烧弹等。此外，还有一种新研制的子母弹，内装56个杀伤/反装甲子弹头，可用来打击装甲目标。

　　G6用于为机械化步兵提供火力支援，主要在远程用原地射击的方式打击敌人的纵深目标。行军时，火炮向前，并以行军固定架固定于车体上。作战时，固定架解脱，以液压装置操纵4个千斤顶放至地面并顶紧，确保整车稳定，而后备乘员协作射击。只是搬运手总要到车外补充弹药，实为一大缺点，南非军方已就此进行改进。

后起之秀："普赖默斯"自行榴弹炮（新加坡）

"普赖默斯"自行榴弹炮迷你档案	
战斗全重	28300 千克
口径	155 毫米
最大射程	30 千米
最大行程	350 千米
最大速度	50 千米 / 小时

　　20世纪90年代初，新加坡陆军提出需要一种集射程、火力和精度于一体，并可伴随装甲部队进行快节奏作战的自行榴弹炮，以满足特种作战需求，增强合成部队作战能力。为此，新武装部队、国防科技局和技术动力公司三方联合研发了"普赖默斯"。该炮作为第一种全履带式自行榴弹炮于2003年正式列装。

　　"普赖默斯"配用炮载惯性导航系统和弹道计算软件，可对自身位置和射击方向进行随机修正，具备自主作战能力。而指挥控制信息系统的安装，使其能够将自身的阵地信息传递给作战地区内的其他"普赖默斯"。使其能有效地支援陆

军混合兵种师中的装甲旅进行高机动性作战行动。

"普赖默斯"自行榴弹炮配备6种155毫米全膛增程炮弹，分别为：DDB01榴弹、DDB02底排榴弹、DDB03底排火箭助推榴弹、DDM02底排子母弹、M92照明弹、M92发烟弹、M92黄磷弹。此外，由于其内膛结构符合北约弹道标准，因而还可发射北约同口径制式弹丸。

反应速度快、自动化程度高、射程远、火力猛、机动能力强等优点使"普赖默斯"自行榴弹炮在世界火炮家族中熠熠生辉。因此在1997年的科威特陆军自行火炮投标中，它成功击败了美欧竞争者，赢得合同。后更因表现出色，于2001年又获科威特的追加订单。

第❹章　雷霆之击——火箭炮

969年，中国宋朝发明了世界上第一支火药火箭。975年，火箭作为武器首次应用于宋灭南唐的战争中。17世纪，欧洲国家相继制造火箭。20世纪初，由于双基推进剂的应用，火箭获得长足发展，逐步形成了现代火箭炮。1980年以后，火箭炮进入了高速发展期，世界各国研制出了一批性能更加优越的火箭炮。进入21世纪以后，火箭炮又有了新发展，其性能和威力不断提高，已成为现代炮兵的重要组成部分。

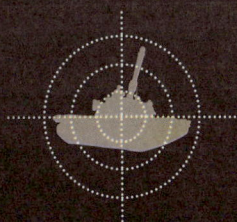

第1节　认识火箭炮

　　火箭炮是一种威力大、火力猛、机动性好的高性能武器系统。在作战中，要充分考虑任务、敌情、地形、时间等因素以及火箭炮自身的特点，才能使它的能力得以充分发挥。火箭炮覆盖面积大，可以打击多个瞄准点，最适宜攻击面积大、定位不太精确的目标，但不能用来攻击距离己方部队太近的目标，也不能用于己方部队即将占领或通过的区域。另外，火箭炮还可发射战术导弹以支援纵深作战。

一、火箭炮的发展

　　火箭炮是炮兵装备的火箭发射装置，发射管赋予火箭弹射向，由于通常为多发联装，又称为多管火箭炮。火箭弹靠自身的火箭发动机动力飞抵目标区。

　　说起火箭炮，还要从第二次世界大战时的"喀秋莎"开始。

▲ "喀秋莎"火箭炮

　　第二次世界大战期间，德国军队用"闪电战"这种方式踏遍了欧洲的大地，也占领了苏联的许多地方。1941年7月，苏联军队在斯摩棱斯克的奥尔沙地区，展开了抗击德国侵略者的斗争。

　　1941年8月，苏军的一个火箭炮兵连一次齐射，仅仅用了十几秒钟，就将大批的火箭弹像冰雹一样倾泻到敌人阵地上，其声似雷鸣虎啸，其势如排山倒海，火焰熊熊，浓烟滚滚，打得敌人晕头转向，狂呼乱叫，嚷着"鬼炮!鬼炮!"四处夺路逃跑。

　　大炮很快就摧毁了敌人的军用列车和铁路枢纽站，消灭了敌人大批的有生力量，给敌人精神上以极大的震撼，以致后来德军一听到这种炮声，就胆战心惊，恐惧万分。这种火箭炮的名字叫"喀秋莎"。

　　这种被苏军称作"喀秋莎"的火箭炮，就是世界上最早的现代火箭炮——BM13型火箭炮。

　　它是苏联于1933年研制成功的。这种自行式火箭炮安装在载重汽车的底盘上，装有轨式定向器，可联装16枚132毫米尾翼火箭弹，最大射程约8.5千米，1939年正式装备苏军，1941年8月在斯摩棱斯克的奥尔沙地区首次实战应用。

▲中国古代火箭

从此以后，火箭这一古老的武器又获得了新生，重新登上了历史舞台。

火箭炮是一种发射火箭弹的多管齐射火炮，比起榴弹炮和加农炮来，它既是"新兵蛋子"，又有资格卖老，因为早在969年，中国就已制成了世界上第一支火箭，到13世纪时，欧洲也曾大量使用过火箭武器。后来由于线膛炮和反后坐装置的出现，火箭才被打入冷宫，不再受重用。

在第二次世界大战末期和战后，各国都非常重视火箭炮的发展与应用。进入20世纪70年代以后，火箭炮又有了新的进步，其性能和威力日益提高，已成为现代炮兵的重要组成部分。

在现代战争中，坦克及装甲车辆日益成为地面战斗的重要突击力量，而火箭炮正是对付大面积集群坦克的有效武器之一。在火箭炮上配备破甲子母弹，末段制导反坦克火箭弹和可撒布的反坦克地雷，能从坦克顶部、侧面和车底等不同方向给坦克以致命打击。

二、火箭炮组成

1.发射系统

定向器。容纳火箭弹并赋予发射方向、初始（离轨）线速度和回转速度的构件，大多采用管式定向器。目前各国竞相发展的是多管火箭炮。在定向器上装有闭锁挡弹装置和点火系统，前者令火箭弹装填后处于正确的位置，不会在赋予射角时因重力作用而下滑，同时通过闭锁机构还赋予火箭弹启动阻力，火箭弹点火后只有克服了这个阻力才能开始向前运动；后者是接受发火器的指令对火箭弹点火的系统。管式定向器也称定向管。

发火器。按规定的时间间隔和发射顺序，控制火箭弹点火的机构，安装在驾驶室内。如果还要求能在距车几十米外控制火箭弹的发射，则要配车外发火装置。

2.瞄准系统

组成与火炮基本相同，但是其平衡机的平衡力是在定向器带弹的状态下设计的，在发射过程中不平衡力矩变化很大。

3.支撑系统

起落架，即发射架。它支撑和固定定向器，并可使定向器以炮耳轴为轴心做

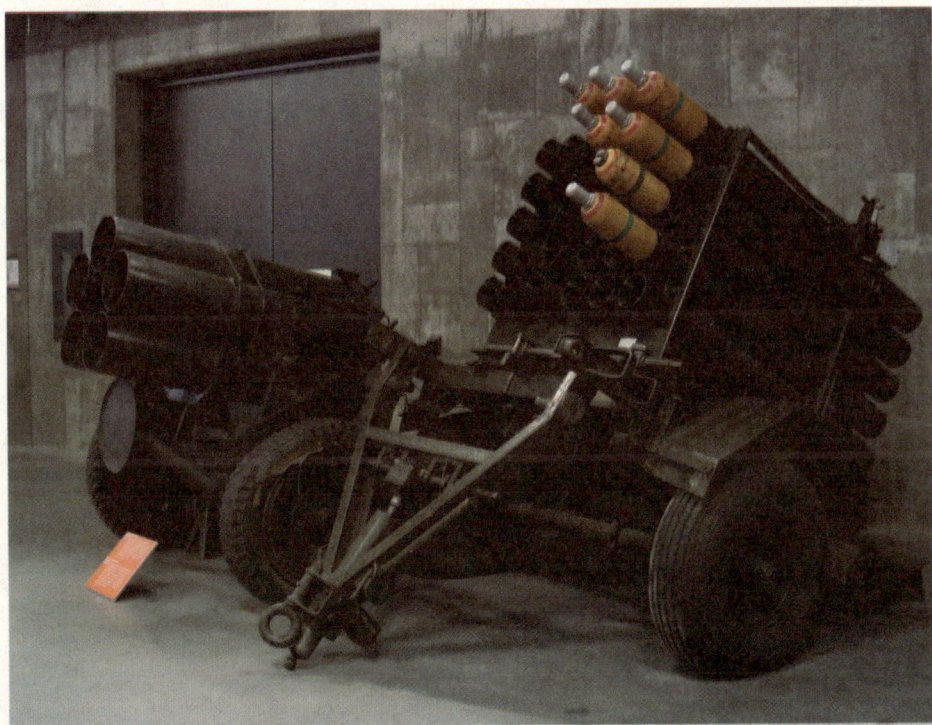

▲军用攻击多管火箭炮

俯仰运动。按结构可分为箱形和桁架形两种。

回转盘。支撑起落部分，与瞄准系统等组成回转部分。

底架。连接回转盘与车体的构件。

支撑座盘。对轮式多管火箭炮，发射前用它调平火箭炮，发射时由它把火箭弹的燃气流作用于火箭炮的载荷传递到大地。

4.火箭弹的储备和装填系统

备用弹弹架。有的火箭炮要求随炮携带一组火箭弹，存放这组火箭弹的容器就是备用弹的弹架。

输弹架（装弹架）。把火箭弹装入定向器内的机构。有的火箭炮为了提高装填火箭弹的速度，把火箭弹和定向器组合成集装箱式结构，这要求火箭炮具有自身的或专配的吊运装备。

三、火箭炮的优势

相对于历史悠久的身管火炮，现代的火箭炮有着很大的不同，而且也只能算

▲车载火箭炮

是火炮家族的"新兵",但是这个"新兵"却有着非凡的威力。

从射程上来看,火箭炮比其他身管火炮远得多,可以达到普通身管火炮的几倍之远。

射程远是火箭炮的最大特点,早期的火箭炮能够达到几十千米以上,如今的火箭炮可达几百千米。而普通火炮的射程一般都在100千米之内。

从射击精度上看,一般来说,身管火炮(野战火炮)的精度远远高于火箭炮,纵然有的远射程火箭弹装了简易控制系统,但是精度仍然比不上身管火炮。

▲M270式自行多管火箭炮

从威力方面来看,火箭炮拥有身管火炮不可比拟的威力。火箭炮可在短时间内发射几倍、几十倍于普通火炮的炮弹,并且火力持续性强。对于低防护或地面目标较集中的地区可以进行大范围火力压制。火箭炮可以大面积地杀伤地面有生力量,压制敌方火力进行火力支援。由于火箭炮的射程远,机动性强,所以火箭炮能在发射后撤离战场,以免被敌报复火力打击,并可在短时间内再次装填炮弹给敌方以毁灭性的打击。

以18管火箭炮为例,可以做到30秒内发射完18发火箭弹,如果集中30门火箭炮,在30秒内,可以对目标区域发射540发炮弹(还没有计算子弹药)。而身管火炮,就算是最先进的身管火炮,就算是急促射,在第一分钟最多也只能发射10发炮弹,并且不能持续地以这种速率射击。众所周知,540发炮弹在30秒内爆炸和在30分钟内爆炸的效果是完全不一样的。如果在30秒内集中在一个区域几乎同时爆炸几百发炮弹,不仅仅是摧毁工事,也可以摧毁人的心理。这种瞬间性的毁灭性打击,在所有常规性武器中,只有火箭炮能够做得到。

第2节　火箭炮集锦

　　火箭炮通常为多管联装，是炮兵的主要火力压制武器之一，具有结构简单、火力猛、射速高、反应快和突袭性好的特点，多用于对地面目标实施射击。用于压制有生力量、技术兵器、集群坦克、装甲车辆和待机地段的直升机群。现在著名的火箭炮有苏联的"飓风"和"旋风"、美国的M270多管火箭炮等等。

暴力魔鬼：9K57式"飓风"220毫米多管火箭炮（苏联）

9K57式"飓风"220毫米多管火箭炮迷你档案	
战斗全重	22700千克
口径	220毫米
最大射程	35千米
最大行程	570千米
最大速度	65千米/小时

　　9K57式"飓风"220毫米多管火箭炮系统于1977年装备苏联陆军的方面军和集团军两级。目前，在俄罗斯装备集团军属火箭炮团，每个团有3个火箭炮营，每个营有3个火箭炮连，每个连平时装备4门炮，战时则装备6门，全团共装备36门（平时）或54门（战时）。该火箭炮可有效压制敌集结步兵，阻止装甲集群的冲击，可在必要的地段上布设地雷。从射程上可弥补师的火力空白。

　　9K57式"飓风"220毫米多管火箭炮采用管式发射装置，共有16个发射

管，分3层排列，最上层4个，下面两层各6个。它的最大特点是行军时发射管与发射车呈水平位置（炮口向后）。发射时，通过下架使炮口转向发射方向。这种结构有利于调整发射车前后桥的载荷分布，使重心前移，从而改善了火箭炮行军时的爬坡能力。

为了保证该火箭炮对弹药的需求，该炮采用"吉尔-135"卡车作为弹药运输装填车，每辆弹药车可携带16发火箭弹。装填时，该车停在火箭炮发射车的一侧，其车尾与发射管对准，然后用吊车的伸缩起重臂将火箭弹逐一推进发射管。16发火箭弹装填完毕的时间为20分钟。

截止到2000年1月，俄罗斯（包括苏联时期）共生产"飓风"火箭炮1199门，其中俄罗斯装备836门、乌克兰139门、叙利亚5门、白俄罗斯84门、乌兹别克斯坦48门、土库曼斯坦54门、哈萨克斯坦15门、阿富汗4门和摩尔多瓦14门。该火箭炮系统曾在1979年至1984年的阿富汗战场上使用。

疯狂灭杀：9K58式"旋风"300毫米多管火箭炮（苏联）

9K58式"旋风"300毫米多管火箭炮迷你档案	
战斗全重	43700 千克
口径	300 毫米
最大射程	70 千米
最大行程	850 千米
最大速度	60 千米/小时

9K58式"旋风"300毫米多管火箭炮（БM-30）是苏联于20世纪80年代中期研制出来的口径最大的多管火箭炮。该炮于1983年设计定型，1987年开始装备部队。它装备于方面军属火箭炮旅和集团军属火箭炮团。

1995年下半年，科威特订购的27套系统开始交货；后来，阿拉伯联合酋长国订购了6套；1998年印度首批购买6套，后来又购买12套。

9K58式"旋风"300毫米多管火箭炮（БM-30）共有12个发射管，分上、

中、下3层配置，上层4个并排配置，中、下层则分左右配置，左右各并排配置两个发射管。该炮采用MA3-543（8×8）型载重卡车底盘，其发射装置安装在底盘的后部，自动化射击指挥系统安装在驾驶舱内，驾驶舱有装甲防护。该火箭炮采用简易控制自动修正系统，其纵向和横向精度均为1/310。

9K58式"旋风"300毫米多管火箭炮系统用于摧毁敌方有生力量、装甲及非装甲的装备。该炮射程远，威力大，最大射程达70千米，一门火箭炮一次齐射可抛出864枚子弹药，杀伤面积极大；弹种多，可进行多种射击任务。该火箭炮发射9M55 K式子母火箭弹，除杀伤子母弹战斗部之外，还可以使用燃烧子母战斗部、反坦克子母雷战斗部、燃料空气炸药战斗部。

为缩短反应时间，斯普拉夫公司正在以一次性使用的P-90型无人驾驶侦察飞行器为基础研制一种"旋风"火箭炮使用的自主目标探测和毁伤评估装置。另外，俄罗斯对"旋风"300毫米火箭炮系统进行了重新设计，并使用了复合推进剂，使其射程由原来的70千米增加到90千米以上，而且射击精度也提高了8%～10%。

未来之神：M270 式多管火箭炮（美国）

M270 式多管火箭炮迷你档案	
战斗全重	25200 千克
口径	227 毫米
最大射程	40 千米
最大行程	483 千米
最大速度	64 千米 / 小时

  1983年年初，美国陆军首次装备了M270式多管火箭炮。M270式多管火箭炮于1991年1月在海湾战争中首次投入战场使用。M270式多管火箭炮系统的主要任务是实施纵深攻击，包括对炮兵作战和压制防空武器。另外，当战场上临时出现大量目标时，还可用于对身管火炮进行火力补充。

  第二次世界大战以后很长时间内，由于美国过分看重火箭炮的一些缺点而忽视了这种武器的优点，因此一直没有发展多管火箭炮。直到20世纪70年代，美军

才改变了对多管火箭炮的看法，并且自1976年起，开始研制和发展自己的多管火箭炮。1980年4月，美国陆军与沃特公司签订了研制合同，正式转入生产与装备阶段。同年6月与该公司签订了首批少量生产合同，1983年投入批量生产。

M270式多管火箭炮系统主要由发射车、发射箱和火控系统三大部分组成。

M270式多管火箭炮采用的发射车为M993式高机动、轻型装甲履带车。该车是M2步兵战车的改型车，它的越野能力和机动性可以与M1坦克相媲美。车上80％的部件为通用部件，如电动机、齿轮箱和缓冲装置等。每辆发射车均有接收射击任务、确定自身位置、计算射击诸元和瞄准目标的能力。一次装填可发射12枚火箭弹或两枚陆军战术导弹。

M270式多管火箭炮的发射箱一次可装入两个火箭弹发射/存储器，每个发射/存储器装弹6枚；或同时装入一个发射/存储器和一枚陆军战术导弹（美军装备型），发射箱上有模版印制的国防部识别码。

为了有效攻击集群装甲目标，美国还在研制"萨姆"子母弹战斗部，该战斗部内装有4颗"萨姆"子弹。配用这种战斗部的火箭弹的最大射程将增加到57千米，几乎是原型火箭弹射程的两倍。这种战斗部将使用M270A1和高机动性多管火箭炮发射车发射。

横空出世："海玛斯"高机动性火箭炮（美国）

"海玛斯"高机动性火箭炮迷你档案	
战斗全重	13700 千克
口径	227 毫米
最大射程	不详
最大行程	480 千米
最大速度	89 千米 / 小时

　　"海玛斯"高机动性火箭炮系统是由美国的洛克希德·马丁导弹与火力控制公司在M270式火箭炮的基础上发展起来的，主要目的是研制一种重量更轻、机动性更强、能用C-130运输机空运的多管火箭炮系统，以满足轻型快速部署部队的需要。

　　"海玛斯"高机动性火箭炮系统是多管火箭炮家族中的最新成员，它能够在轮式底盘上发射，主要由M270式火箭炮的一组六联装定向器、M1083系列5吨级

中型（6×6）汽车底盘、火控系统和自动装填机组成。在5吨级中型汽车底盘的后部安装了一个发射架，发射架上既可装配一个装有6发火箭弹的发射箱，也可以装配一个能装载和发射一枚陆军战术导弹的发射箱。

"海玛斯"高机动性火箭炮的火控系统与M270式火箭炮的火控系统基本相同，包括电视图像装置、键盘控制器、弹道计算机和GPS卫星定位接收机。该炮的工作特点和操作程序及战术技术性能与M270式火箭炮基本相同，并且保持着现役多管火箭炮系统的自动装填和自主式作战的特点。

"海玛斯"高机动性火箭炮系统可以发射M270式火箭炮现配用的所有各型火箭弹和陆军战术导弹，以及正在研制的新型末敏子母火箭弹、制导子母火箭弹和所研制的系列陆军战术导弹等。

借助"海玛斯"高机动性火箭炮上的火控计算机，可以实现由单兵控制装填弹药和操作发射，在停止间只需16秒钟即可完成对目标瞄准。与M270式火箭炮相比，占领和撤出阵地用时较少，可以"打了就跑"。

巴西火神："阿斯特罗斯"Ⅱ型火箭炮（巴西）

"阿斯特罗斯"Ⅱ型火箭炮迷你档案	
最大弹重	517 千克
最大弹长	5.2 米
口径	300 毫米
最大射程	60.0 千米
最大速度	80 千米 / 小时

"阿斯特罗斯"Ⅱ型多功能火箭发射系统由发射装置、运载车、射击指挥系统和弹药车组成。发射装置为发射箱式，有3种变型：32管127毫米火箭发射箱，16管180毫米火箭发射箱，4管300毫米火箭发射箱，均采用10吨越野车底盘。

"阿斯特罗斯"Ⅱ型多功能火箭发射系统的一个显著特点，就是它的发射装置采用活动组件式的结构，根据不同作战部队的不同要求，可以选用3种不同规格的发射箱。

第一种发射箱内密集地装有32个较细小的发射管，每个管内装有1发小型火箭弹，它的直径只有127毫米，长约3.1米，全重66千克。战斗部重20千克，最大射程达到30千米，最小射程也有9千米。发射完全部火箭弹后，可以用弹药车上的起

重机，在10～12分钟时间内重新装填32发新弹。当起重机失灵时也可用手工方式在25分钟内装完。

第二种武器的发射箱内，共有16个发射管，每个管内装有1发中型火箭弹，它的直径增大到180毫米，长度增加到将近4米。1发弹的全重有146千克，战斗部重54千克，里面装有40个双用途火箭弹，既可以攻击各种轻型装甲目标，又可以杀伤有生力量。由于重量增加了一倍以上，发动机也加重了一倍，达到92千克，最大射程达40千米。这种武器被称为SS-40式火箭炮，它的装弹时间只需要6分钟。

第三种发射箱是远射程、大威力武器，它只有4个发射管，1次齐射发射4发大型火箭弹，每发弹的直径达300毫米，长5.2米，全重517千克。战斗部的重量就有160千克，里面装有64发子弹，最远可以攻击60千米远的大面积目标。

"阿斯特罗斯"Ⅱ型多功能火箭炮的威力大、火力猛，战场使用机动灵活，既可以攻击大面积集结的有生力量，又可以破坏防御工事和武器发射阵地，因此从20世纪80年代以来受到世界各国的普遍重视，许多第三世界国家开始从巴西引进。80年代末，阿维布拉斯航宇工业公司向伊拉克出售了估计为66枚的"阿斯特罗斯"Ⅱ型火箭炮系统，1991年海湾战争中，伊拉克就曾用"阿斯特罗斯"Ⅱ多管火箭炮攻击美军阵地。

迫击炮是步兵的一种传统装备，也是火炮家族中最小的一个炮种。早在1342年，西班牙军队围攻阿拉伯人所盘踞的阿里赫基拉斯城时，阿拉伯人在城垛上支起一根根短铁筒，筒口高高翘起朝向城外。向筒口放入一包黑火药，再放进一个铁球，点燃药捻，从铁筒内飞出一团夹杂火光的黑烟，射向城外的西班牙士兵。这种被称为"摩得发"的原始火炮可以说是与现代迫击炮的作用、原理相类似的最早的古代管形火器。

第1节　认识迫击炮

迫击炮是一种以座钣承受后坐力、发射带尾翼迫击炮弹的一种曲射火炮，其炮身短、射角大、弹道弧线高、弹道弯曲。由于迫击炮在使用过程中具有死角小、射速快、威力大、重量轻、体积小、便于机动、结构简单、易于操作、造价低廉等特点，适合步兵在较复杂的地形和恶劣气候条件下使用。同时，它也便于选择阵地，可以消灭遮蔽物后的敌人，摧毁敌障碍物及轻型土木工事，为步兵开辟道路。

一、迫击炮的发展

世界上第一门真正的迫击炮是20世纪初出现的，1904～1905年的日俄战争期间，由俄国炮兵大尉戈比亚托·列昂尼德·尼古拉耶维奇发明。当时，爆发了日俄战争，沙皇俄国与日本为争夺中国的旅顺口展开激战。俄军占据着旅顺口要塞，日本挖筑堑壕逼近到距俄军阵地只有几十米的地方，俄军难以用一般火炮和机枪杀伤日军。于是尼古拉耶维奇便试着将一种老式的47毫米海军炮改装在带有轮子的炮架上，以大仰角发射一种超口径长尾形炮弹，有效地杀伤堑壕内的日军，打退了日军的多次进攻。这种在战场上应急诞生的火炮，当时被叫作"雷击炮"，它是世界上最早的迫击炮。

第一次世界大战中，由于堑壕阵地战的发展，各国开始重视迫击炮的作用，这种几乎没有射击死角、能在近距离压制敌人的武器得到进一步发展。在"雷击炮"的基础上，研制出多种专用迫击炮。到战争末期，英国已经研制出很有影响的1918式"斯陶克斯"型81毫米迫击炮。它采用同口径弹，炮弹和附加药包一起从炮口装填，借自重滑向火炮膛底，触及膛底击针后点燃发射药包，炮弹飞离炮口。1927年，法国研制的斯托克斯-勃朗特81毫米迫击炮采用了缓冲器，克服了炮身与炮架刚性连接的缺点，结构更加完善，已基本具备现代迫击炮的特点。

自第二次世界大战以来，随着科学技术的进步，迫击炮的性能得到大幅提高。它的最小射程只有几十米，可打击距离非常近的隐蔽在阵地前沿堑壕内的敌

人。除中小口径外，最大口径的迫击炮已发展到240毫米（苏联），弹丸重达130千克。现代迫击炮已由过去的人背马驮，逐步发展为牵引、自行和车载，随着陆军逐步向飞行化、摩托化和装甲化方向发展，迫击炮也将成为一种机动性能良好、作战威力强大的近程攻击兵器。

与其他现代火炮相比，大多数迫击炮仍采用古代火炮的从炮口装填炮弹的前装方式和没有膛线的滑膛炮管。由于它具有构造简单、轻便灵活、造价低、最小射程近（最近仅50米）、射速快（可达30～50发/分）、可伴随步兵的特点和可毁伤开阔地及掩体内目标、破坏各种野战工事、打击高大障碍物（如山坡）背后目标的作用，所以它作为步兵近距离火力支援的有效武器，仍被

你知道吗

第二次世界大战中，各国都大量装备与使用迫击炮，其数量之多远远超过其他类型火炮，已成为一种步兵作战必不可少的武器。据统计，在第二次世界大战期间，地面部队在战场上伤亡的50%以上是由迫击炮造成的。

现代各国军队大量装备，并出现了装载在轮式或履带车辆上的自行迫击炮。近20年研制成功的迫榴炮或线膛式迫击炮，既可发射迫击炮弹，又可发射榴弹、子母弹，有的还可发射制导炮弹；不仅可杀伤人员、摧毁军事装备和工事，还有反装甲能力。因此，迫击炮在现代战争中仍将具有重要的地位和作用，对于现代战争经常使用的快速反应部队来说，迫击炮更是一种必不可少的武器。

二、迫击炮的组成

迫击炮是直接伴随步兵作战的压制火炮。由于它具有射速快、威力大、质量轻、结构简单、操作方便、阵地选择容易等优点，深受各国军队的欢迎，大量装备在营连以下战斗单位。据统计，第二次世界大战期间，50%以上的地面部队作战伤亡是受迫击炮轰击所致，因此近百年来，各国竞相发展迫击炮，口径从51毫米到240毫米，既有前装炮弹的，也有后装炮弹的，既能曲射，也能平射。20世纪80年代始还发展了自行迫击炮、自动迫击炮、迫榴炮。迫榴炮的炮身内膛为线膛，既可发射带刻槽的榴弹，也可发射迫击炮弹。

通常，迫击炮的基本组成包括4个部分：炮身、炮架、座钣和瞄准装置。

1.炮身

迫击炮的炮身包括身管、炮尾和击发机3部分。

身管。与其他火炮身管相比，迫击炮身管一是壁薄，二是管短，三是除了迫榴炮均属滑膛，四是内膛无药室。

炮尾。炮尾连接身管与座钣，安装击发机的构件。

击发机。根据使用的不同需要，迫击炮的击发用3种方式：迫发、拉发和后装填击发，相应的有3种击发机构。

2.炮架

托架。托架是支承炮身、安装方向机、瞄准具固定器、连接高低机和缓冲机构的构件。

架腿。架腿是安装高低机，并作为迫击炮支撑在地面上的两个前支点。其上装有概略水平调整机，可令托架大致水平。

方向机。安装在托架上，一般为螺杆式。

高低机。其中端与托架连接，固定部分安装在架腿上，一般为螺杆式。

缓冲机。一般采用弹簧式，其一端与托架连接作为固定端，运动部分通过炮箍与炮身连接，发射时炮身与托架呈弹性连接以减小发射时炮架的载荷和保持迫

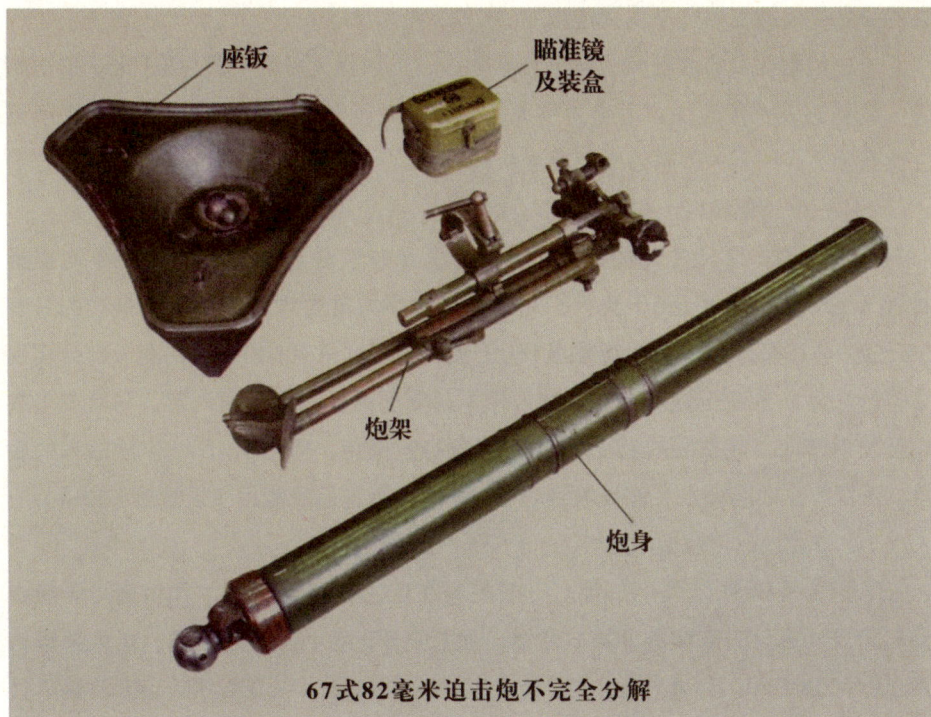

67式82毫米迫击炮不完全分解

击炮的稳定。

　　3.座钣

　　座钣是迫击炮特有的支撑体，承受发射时的后坐力并传递到地面。其上有驻臼可与炮尾上的尾球相结合，令迫击炮在任意射角射击时后坐力的作用点不变。为了获得良好的力学性能，座钣结构形状及断面相当复杂。座钣的设计与制造是迫击炮研制中非常重要的问题。

　　4.瞄准装置

　　迫击炮瞄准装置由瞄准具与瞄准镜组成，安装在托架上。

三、迫击炮的特点

　　1.结构较简单，大多数没有反后坐机构

　　迫击炮的炮身比榴弹炮短得多（身管长度不超过20倍口径）。炮身尾端由装有击针的炮尾密闭。早期的迫击炮是从炮口装填炮弹，利用迫击炮弹本身的重力撞击炮身尾端的击针，使炮弹的底火发火以点燃发射药来发射炮弹的（迫击炮的"迫击"二字由此而来）；而榴弹炮是利用炮闩的击发机构引燃炮弹的底火以点燃炮弹药筒内的发射药来发射炮弹的。

迫击炮主要供步兵使用或伴随步兵作战，其射程大多数不超过5千米。迫击炮弹的发射药装药量较少，后坐力不太大。后坐力通常用合金钢制造的座钣来承受并传至地面，所以大多数没有反后坐机构。

2.体积小、重量轻、机动性好

迫击炮的外形尺寸比榴弹炮小得多，重量也较轻。60毫米迫击炮平均重量约16千克，最轻的不足5千克；81毫米迫击炮平均重量约为43千克，最轻的只有35千克；120毫米迫击炮平均重量150千克，最轻的只有100千克，有一部分实现了自行化。许多迫击炮可分解为几大件，在复杂难行的地区由人背、马驮或车载运至发射阵地。俄罗斯的2S9式120毫米自行迫榴炮，采用BMD-1空降战车的底盘，不仅可在地面和水上作战术机动（水陆两用），而且能用飞机运输和伞降。

3.小口径迫击炮装备广泛

50毫米~82毫米为小口径。一般配属在连、营以下分队，作为直接伴随步兵武器或快速反应部队的便携式武器。质量在5千克~60千克之间，最大射程为750米~5800米，最大射速30发/分左右。其中51毫米~60毫米口径通常是单兵

▲美军老式81毫米迫击炮

整炮携带，81毫米~82毫米远射型小口径迫击炮，一般需要分解为炮身、炮架、座钣几个大件，分别携带。这类迫击炮射程可达4千米以上，炮弹质量在3千克左右。火炮分解后的单件质量在15千克以内。

20世纪70年代以后，美、英、法等国普遍重视小口径迫击炮的装备与发展。如美军轻型步兵连、空中突击连、空降兵连里，均有迫击炮分排编制，装备有M224式60毫米轻型迫击炮。该炮1977年定型，1979年装备部队，分两种型号，普通型使用大座钣，采用轻金属材料，配用新弹种和多用途引信，带有激光测距仪和小型弹道计算机，射程为3.5千米，达到老式81毫米迫击炮水平，但质量减轻

▲美军的 M224 60 毫米迫击炮

了一半多，全炮质量只有20.8千克。手提型迫击炮使用M8式矩形小座钣，无双脚架，总质量为7.8千克，最大射程为1千米。

西班牙、丹麦、以色列各国也都装备有本国的小口径迫击炮。以色列装备的"索尔塔姆"60毫米迫击炮，有普通型、突击队型和远射型3种型号，突击队型便携式迫击炮的质量只有6千克，炮弹1.72千克。适用于快速反应部队，如空降步兵连等。

法国远射型60毫米迫击炮，最大射程达5千米以上。比利时还研制了一种结构简单而新颖的NR8113A1式52毫米迫击炮。因射击时声音微弱，而且不出现炮口焰，便于隐蔽发射，故又称之为无声迫击炮。

4.中口径迫击炮自行化的装备在迅速增多

100毫米~120毫米为中口径，装备在营、团级，大多为团属迫击炮。最大射程4千米~13千米，全炮质量一般在100千克~300千克。除轻便型可分解为炮身、炮架、座钣几大部分由汽车装运外，一般需要带有运动体或配有专用的炮车。为了提高迫击炮快速反应能力和防护能力，80年代以来，中口径自行迫击炮

▲重型迫击炮以 120 毫米为主，常常放在装甲车里，变成简易的自行迫击炮

在国外发展很快。一些原有的弹道性能较好的中口径迫击炮，已由牵引式改装成自行式。

从目前各国研制迫击炮的动向来看，今后将集中发展120毫米和81毫米口径迫击炮，为了解决装甲防护、机动性和射击指挥自动化问题，又将重点放在120毫米迫击炮的发展上。

120毫米迫击炮的发展之所以受到重视，首先是北约国家认为，为了对付4千米以上的装甲目标，从射程和威力来看，以120毫米口径较为理想，其次是美国陆军在"1990～2000年迫击炮发展方案"中，提出采用120毫米口径的炮塔式迫击炮。这一情况引起世界各国对120毫米自行迫击炮的极大重视。

5.现装备大口径迫击炮品种型号较少

160毫米～240毫米为大口径，是师属迫击炮。大口径迫击炮由于笨重、装填困难、射速较低、远距离射击射弹散布大，因此发展缓慢。

20世纪70年代，苏联为发射核弹头而装备了2C4型240毫米迫击炮，虽然早在1975年便开始服役，80年代初取代了M1953式240毫米牵引迫击炮，但从未在公开

▲苏联 2S4 "郁金香树" 240 毫米自行迫击炮

活动中展出，据西方推测，2C4一共生产400门左右。近年来，随着火箭增程弹、反装甲末段制导炮弹和子母弹的发展，有可能促进大口径迫击炮的进一步应用。

6.外军装备中迫击炮已广泛使用了射击计算器

为了提高火力反应能力和射击精度，外军在迫击炮分队也广泛使用了计算器。如英国的81毫米迫击炮，1980年首先配用了"莫柯斯"手持式迫击炮计算器，1983年装备了"莫曾"迫击炮计算器。该计算器同时可存储10个观察员、58个目标、10个阵地的数据，并可同时为执行两项射击任务的迫击炮分队计算射击诸元。美国1984年装备的M23迫击炮弹道计算机，可适用60、81、107毫米几种炮型，并可与陆军"塔克法"战术射击指挥系统联网。

上述射击计算器，以及激光测距机等观察指挥器材的使用，不仅提高了迫击炮的快速反应能力，而且可消除人为的计算误差，提高射击精度。今后适合于迫击炮使用的侦察校射雷达、微型计算机和大容量、带数传装置的计算机将得到更加广泛的应用，特别是对射程较远的大、中口径自行迫击炮来说，采用计算机更是势在必行。

第2节 迫击炮集锦

　　迫击炮的家族非常庞大，按其口径和重量可以分为轻型迫击炮、中型迫击炮和重型迫击炮。目前装备的迫击炮口径序列是51毫米、60毫米、81毫米、82毫米、120毫米、160毫米、240毫米，射程5千米~13千米、120毫米口径以上迫击炮倾向于自行化，配用小型弹道计算机，可发射火箭增程弹和反坦克制导炮弹。160毫米、240毫米迫击炮逐渐被淘汰。

地狱使者：2S31式120毫米迫击炮（俄罗斯）

2S31式120毫米迫击炮迷你档案	
战斗全重	19500千克
最大射速	10发/分钟
最大射程	18千米
最大行程	600千米
最大速度	70千米/小时

　　2S31是俄罗斯研制的一款自行迫击炮，但是由于它具有榴弹炮的武器特征，所以也有人称为榴弹炮，俄罗斯为其命名为"维娜"。2S31迫击炮可以使用伊尔-76和安-22之类的中型和重型运输机空运，且和BMP-3伞兵战车一样具有空投的能力，仅仅在落地30秒后即可投入战斗。最特别的是，它不但可以在水中航行，而且在水中航行时，还可以在极度不稳定的漂浮状态下进行射击。

　　"维娜"自行火炮的作战舱，包括火炮、炮塔、仪器设备、3名乘员、40~70枚炮弹（含包装，总重5500千克~7000千克），可以配置在装甲输送车、步兵战车、轻型坦克上，根据用户的需要，还可安装在其他国家生产的底盘上。

　　"维娜"炮塔可360°旋转，内部安装了先进的弹道计算机，从炮弹上膛直到发射均为自动控制。此外还装有稳定装置，即使在水中剧烈摇晃时也能有效控

制车辆，使火炮射击精度得到保障。顶部装有1挺PKT式7.62毫米机枪，两侧各有6具81毫米烟幕弹或诱饵发射器。为提高在山地条件下的射击精度，炮塔上安装了用于确定火炮海拔高度的气压式测高仪。

"维娜"火炮的自主作战化程度高，其火控系统包括弹道计算机、可见光直瞄和间瞄瞄准镜、IP51型像增强夜间观瞄镜、ID22S型激光测距机兼目标指示器、自动定位定向装置以及可与GLONASS/GPS兼容的SN-3700陆地导航系统。1门炮可作为一个射击指挥中心，控制其他6门火炮实施射击。该炮具有迫击炮和榴弹炮、加农炮多重弹道，既可进行间瞄射击，也可进行直瞄射击。

"维娜"迫榴炮可发射新系列120毫米弹药，

还可以发射现役2S9及2S23迫榴炮的同系列弹药。采用曲射弹道发射的120毫米杀爆弹在目标附近爆炸时，其威力与俄罗斯及其他国家的152毫米、155毫米杀爆弹相当。

战场利器：M224 式 60 毫米迫击炮（美国）

M224 式 60 毫米迫击炮迷你档案	
战斗全重	20.8 千克
口径	60 毫米
全长	1.2 米
最大射程	3.5 千米
最大速度	238 米 / 秒

M224是美国于20世纪70年代开始研制，于1977年7月正式定型，并于1978年批量生产，1979年开始装备部队。M224型60毫米迫击炮是一种由美军开发与生产的前装式滑膛迫击炮，主要用于为地面部队提供近距离的炮火支

▲驻阿富汗美军使用60毫米迫击炮攻击塔利班

援。该炮还有结构简单、性能可靠的特点，而且还自带有照明装置，可以在夜间执行战斗任务。

M224迫击炮的重量极轻，全炮重仅为20.8千克，不用说欧美人的体格，即便是身材稍小的亚洲士兵也可以轻松携带。由于迫击炮具有弹道特别弯曲的特点，非常适合山地作战，而且该炮还可以拆解为两部分，更是方便了山地作战时携带。

整个M224系统可以分解为M225型炮筒（7千克），M170型支架（7千克），M7型（7千克，通常状况下使用）或M8型底座（2千克，单手持握时使用），以及M64A1型光学瞄准系统（1千克）。这个迫击炮系统可以在支座或单手持握两种状态下使用，握把上还附有扳机，当发射角度太小，依靠炮弹自身重量无法触发引信时就可以通过手握的方式来发射，只需要扣动握把上的扳机即可击发。

在阿富汗战争中，对于身处阿富汗前线的普通士兵来说，最受欢迎的不是A-10或者"阿帕奇"等高端武器，而是小巧又有威力的60毫米M224型迫击炮。

因为塔利班武装分子的装备十分简陋，但突袭却往往来得快去得也快，高科技的火力支援反应往往不如伴随步兵的迫击炮更值得依赖。也正因为如此，在高科技武器盛行的现代战场，M224仍作为战斗的主力武器，在战场上频频现身。

神出鬼没："鼬鼠"2空降自行迫击炮（德国）

"鼬鼠"2空降自行迫击炮迷你档案	
战斗全重	4100 吨
口径	120 毫米
最大射速	3 发 /20 秒
最大射程	8 千米
最大速度	70 千米 / 小时

　　德国"鼬鼠"2空降自行迫击炮作战系统是一种设备齐全的多车辆武器系统，由6种不同配置的"鼬鼠"2轻型装甲车组成，包括前观车、连级指挥车、火控车、排级指挥车、前沿控制车和120毫米自行迫击炮。所有车辆均可用直升机、运

输机空运。"鼬鼠"2自行迫击炮是"鼬鼠"2空降迫击炮作战系统的核心，由莱茵金属公司地面系统分部研制，能够快速空运部署。该武器系统能为空降部队和突击队提供高度灵活的火力，明显增强其突破和防御能力。

　　"鼬鼠"2空降迫击炮主武器是一门120毫米迫击炮，装在车后部的枢轴上。火炮降至水平位置并由人工装填，然后迫击炮升回指定射击位置射击，再降到装填位置。装填是在完全"三防"下进行的。该炮采用一种特殊的反后坐系统，发射120毫米制式弹药的最大射程达6千米。发射莱茵金属公司最近研制成的120毫米榴弹的最大射程可达8千米。该炮还能发射120毫米灵巧弹药，最大射程6千米。该系统载弹量为30发。

　　整个武器系统的操纵，包括在倾斜位置的装弹都可在封闭的战斗舱内完成，大大提高了乘员

的安全性。通过车尾的枢轴可迅速改变火炮姿态。利用车载复合导航系统，可以快速自动确定方向角、高低角和位置，从而使火炮迅速回复待发状态，最大射速可达3发/20秒，持续射速为18发/3分。该车装备了先进的车辆电子系统，包括系统计算机、火炮控制系统、支援系统、安全传感器和导航系统，实现了自动控制、自动传输瞄准数据、自动调炮和安全检查等功能。

"鼬鼠"2空降自行迫击炮的打击过程基本上是自动的。在迫击炮前往射击阵地的过程中，目标数据以数字形式传输到车辆，只有装填过程是手动完成。炮弹发射出去后，迫击炮炮管在2秒内撤回装填位置，舱盖自动打开，装填手装填下一发炮弹。受后坐力的影响，车辆位置会发生轻微变化，但是在迫击炮每次准备发射下一发炮弹时，系统会自动重新计算迫击炮的瞄准时间。

独一无二："阿莫斯"120毫米双管自行迫击炮（瑞典和芬兰）

"阿莫斯"120毫米双管自行迫击炮迷你档案	
战斗全重	24000千克
口径	120毫米
最大射速	26发/分钟
最大初速	443米/秒
最大射程	13千米

"阿莫斯"由瑞典和芬兰共同研制，1999年投产，2000年首先装备芬兰陆军。此外，瑞典、丹麦、挪威三国也打算装备此炮，只是将配用各自选用的底盘。

"阿莫斯"120毫米双管自行迫击炮是世界上第一种正式列装的炮塔多联装式自行迫击炮。它射速高、防护性能好、快速反应能力强、携弹量大和全向射击能力等优点已引起世界关注，为迫击炮的发展开拓了新途径。

　　"阿莫斯"由双联装120毫米滑膛迫击炮、封闭式炮塔、炮载火控系统和轮式或履带式装甲车底盘组成。所用火炮有长、短身管两种：履带式底盘配用长身管，采用炮尾装填，并附有半自动装填装置；轮式底盘配用短身管，炮口装填，但借助一个特殊的装置炮手可在炮塔内进行手工装填。芬兰只采用炮尾装填的长身管迫击炮。

　　全焊接钢制炮塔可抵御轻武器与炮弹破片的攻击。两炮管共用一个摇架，但各自装有液压驻退机和液压复进机，可单独后坐与复进。尾装式炮管采用半自动立楔式炮闩，使用旋转式装填机从炮尾装弹，两炮管间装有一个抽烟器。

　　炮塔的方向转动与火炮的高低转动以电力驱动为主，但辅以手工驱动，射击时双管一起发射，因而射速较大且可以实施多发同时弹着射击。炮塔内配有光学和电子计算机火控系统、定位导航系统，所以具有自主作战能力。

　　"阿莫斯"迫击炮配用的迫击炮弹有榴弹、增程弹、发烟弹、照明弹、"林鸮"制导炮弹。瑞士与以色列还共同为此炮研制了一种子母弹，内含32枚反装甲/

反人员双用途子弹，子弹可形成900块破片，能侵彻70毫米厚的钢甲板。炮尾装填式迫击炮可以行间瞄、直瞄射击，能发射榴弹炮弹药，据称发射一种120毫米口径的弹底排气弹时最大射程达13千米。

另外，该炮还具有三防性能，可在核、生、化条件下作战。

第❻章 防空利刃——高射炮

　　高射炮产生于第一次世界大战期间，在战争史上掀开了防空作战的新篇章。当前，大口径高射炮虽逐步被地对空导弹取代，但各国仍装备和研制相当数量40毫米以下的高射炮系统，并广泛采用多管联装，配备雷达或光电火控系统，和火炮、火控同装在一辆车上的三位一体式自行高射炮。近年来，各国已研制并开始列装的高射炮与防空导弹结合于一体的防空系统堪称现代防空兵器的重要发展趋势。

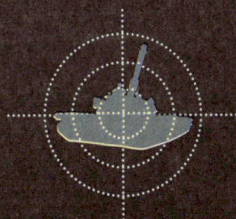

第1节　认识高射炮

高射炮是指从地面对空中目标射击的火炮。它主要用于打击飞机、直升机和飞行器等空中目标。高射炮具有炮身长、初速大、射界大、射速快、射击精度高等特点。另外，现在很多高射炮还配有火控系统，并能自动跟踪和瞄准目标。有时高射炮也可用于对地面或水上目标射击。

一、高射炮的发展

在19世纪的普法战争中，法国人通过热气球和被包围的部队联系。普鲁士人为了击落热气球，专门研制了打气球的大炮。这种大炮由37毫米的加农炮改进而来，被称为气球炮。

德国88毫米高射炮不仅在防空上有所建树，更是第二次世界大战中最出色的反坦克炮。

▲德国 88 毫米高射炮

▲高射炮

　　飞机出现以后，高射炮在战争中发挥了越来越大的作用。为了防御来自空中的打击和侦察，德国在1906年最先研制了第一门高射炮。该高射炮口径为50毫米，最大射高4.2千米。在第二次世界大战中，苏、德、美等国也都研制了大威力、高射速的高射炮。其中，德军的88毫米高射炮还被改装成坦克炮，装备在"虎"式坦克上，威力极大。

　　第二次世界大战以后，由于飞机升限越来越高，而高射炮射程有限。如美军在20世纪50年代装备的B-52轰炸机，号称"同温层堡垒"，飞行高度在16千米的同温层；SR-71"黑鸟"高空侦察机飞行高度，达到惊人的30千米。而最大口径的高射炮射高，仅有13千米左右，对这些高速度高空飞机根本无能为力。所以现在的大口径高射炮都已经被淘汰。

　　但是随着雷达技术的发展，飞机和导弹开始采取超低空突击的战术，也就是掠海飞行和掠地飞行。其飞行高度极低，进入了大部分地空导弹的死角，经过现代化改造的小口径高射炮保留了下来，并在防空装备中占有一席之地。

　　尽管导弹技术已经近乎完善了，但还是不能完全代替高射炮。理由很简单，高射炮的抗电子干扰能力要比导弹强许多，反应时间短，操作容易维护也简单，造价还便宜。另外，高射炮既能打击空中目标，又能打击地面目标，包括轻型装

▲高射炮

甲目标，而防空导弹则不能兼顾。

　　第二次世界大战结束后的历次局部战争，已经用铁一般的事实证明：在对付低空和超低空目标方面，高射炮要比导弹的效果好得多。另外，如果坦克部队和机械化部队在行军和转移时，需要对空火力做掩护，那高射炮还是最佳选择。所以，高射炮不但将长久存在下去，而且还会得到不断发展。

　　现代的高射炮大都比较智能化，安装有雷达和计算机控制系统，能自动跟踪目标。比较有名的、多联装的有：意大利"西达姆"25毫米四联装自行高射炮、美国M163式20毫米6管联装"火神"自行高射炮、俄罗斯3CY-30-2式30毫米四联装自行高射炮以及中国人民解放军的95式四联装自行高射炮。

　　双联装的有法国AMX30SA式30毫米自行高射炮、德国的"猎豹"、英国的"神枪手"、日本的87式35毫米自行高射炮、瑞典的VEAK62式40毫米自行高射炮以及中国人民解放军的90式35毫米高射炮。

　　大口径的有：意大利的"奥托"76毫米自行高射炮、美国的M274式75毫米自行高射炮等。

二、高射炮的分类

　　高射炮的种类很多，按照机动方式分类，可以分为以下几种。

牵引式高射炮：由车辆牵引或者装载行动的高射炮。它由火力、火控和保障等系统组成，分别由不同的车辆牵引或者装载。牵引高射炮行动力较差，战斗准备时间长。

自行高射炮：与车辆底盘构成一体，依靠自身动力进行机动的高射炮。它由火力系统、火控系统、车辆底盘、装甲车体、通信、导航等系统组成。它越野性能出色，进出阵地快，战斗准备和发动时间短，机动能力和防护能力也较强。可以在行进间短停射击，伴随摩托化部队作战，并可以浮渡。

按照所使用的车辆底盘不同，可以分为轮式和履带式自行高射炮。按照口径大小，分为小口径高射炮、中口径高射炮和大口径高射炮。高射炮小口径为20毫米~60毫米、中口径为60毫米~100毫米、大口径大于100毫米。

三、弹炮合一

所谓"弹炮合一"，就是将导弹和大炮安装在同一基座上。两者同时旋回，甚至同时俯仰，接受同一火控系统控制，构成一个火力单元。

弹炮合一系统的主要优点有很多。首先，它可以充分发挥防空导弹和小口径速射大炮，在不同距离上拦截来袭导弹的特长，达到优势互补。小口径速射大炮的最佳拦截区段在1千米距离之内；而防空导弹在1千米距离之内，由于动力系

▲俄罗斯"通古斯卡"弹炮合一防空系统

▲俄罗斯"铠甲"弹炮合一系统

统、控制系统和制导系统，往往处在启动阶段而无法正常工作，因此作战效能不高。经过启动阶段，进入正常工作阶段后，性能逐渐趋于稳定，在有效射程内，其命中概率受距离增加的影响很小。因此，弹炮合一系统可在整个拦截区段上，使小口径速射大炮与防空导弹形成最佳互补，提高系统的反导效能，做到防空无死角。

其次，弹炮合一还可缩短两种武器抗击同一目标的反应时间，增强全系统拦截多目标的能力。由于防空导弹和大炮共架，并接受同一指挥、控制系统的信息，因此，可缩短全系统在目标指示和交接、武器分配和调转的时间。此外，相对近程反导舰炮武器系统来说，由于弹炮合一系统的交战距离和火力密度的增加，可显著提高其抗击多个目标的能力；可共用本地甲板空间坐标系，有利于降低分布式系统间由于甲板变形引起的坐标误差，从而提高数据解算精度。

最后，弹炮合一可减少武器系统的设备重复，减少全系统的体积重量，并可减少全系统的操作维修人员，从而降低系统的全寿命周期费用。

既然弹炮合一系统具有以上那么多的优势，那么它又有什么样的缺陷呢？下面我们再一起来了解弹炮合一的主要缺点。

首先，弹炮合一增加了全系统的旋回重量，影响旋转和俯仰的加速度，对随动系统的性能，也相应提出较高要求；其次，全新研制的弹炮合一系统炮架、甲板下结构、随动系统等，都须重新设计，成本较高；最后，组合型弹炮合一系统，必须考虑组合后的系统物理特性的变化带来的影响，如系统刚性、振动、强度等，某些修改的技术难度不亚于新开发。

四、自行高射炮

在所有的战斗装甲车辆中，自行高射炮是最为昂贵的。一辆自行高射炮的价格，往往相当于两辆主战坦克的价格。在20世纪80年代，一辆德国最先进的自行高射炮"猎豹"，报价870万马克；一辆新出厂的"豹"2主战坦克也不过370万马克而已。在90年代，一辆日本87式自行高射炮造价，竟然超过了1460万美元，令价值900万美元的号称"世界上最贵主战坦克"的90式望尘莫及。当然，自行高射炮价格昂贵事出有因：生产的数量极其稀少，日本的87式自行高射炮一年只生产4辆；庞大的研制设计费用无法分摊，所以价格昂贵也就不足为奇了。

自行高射炮集成了最先进的雷达、计算机火控系统，也是成本居高不下的重要原因。自行高射炮有两点好处是牵引式高射炮无法比拟的：一是能跟随装甲集团开进，为整个建制在行进中提供防空；二是反应速度快，机动性能好。

▲德国"猎豹"双35毫米自行高射炮

第2节　高射炮集锦

高射炮作为现代火炮家族中的重要成员，在现代战争中发挥了巨大的作用。高射炮按运动方式分为牵引式和自行式高射炮。按口径分为小口径、中口径和大口径高射炮。口径小于20毫米~60毫米的为小口径高射炮，口径60毫米~100毫米的为中口径高射炮，口径超过100毫米的为大口径高射炮。小口径高射炮有的弹丸配用触发引信，靠直接命中毁伤目标；有的配用近炸引信，靠弹丸破片毁伤目标。大、中口径高射炮的弹丸配用时间引信和近炸引信，靠弹丸破片毁伤目标。

重拳出击："铠甲–C1"弹炮合一防空系统（俄罗斯）

"铠甲–C1"弹炮合一防空系统迷你档案	
口径	170 毫米
最大初速	780 米/秒
最大飞行速度	1300 米/秒
最大射程	18 千米
最大射高	10 千米

"铠甲–C1"弹炮合一防空系统由俄罗斯图拉仪器仪表设计局研制，用于保护机场、指挥中心等重要军事设施，还能伴随机动部队进行野战防空作战。除作为陆基防空武器外，该系统还能安装在舰船上进行海上对空防御作战任务。

"铠甲–C1"弹炮合一防空系统由一辆乌拉尔–53234（8×8）越野卡车底盘和一个较大的炮塔组成。炮塔安装在底盘的后部。炮塔上安装有两部六联装9M335（又称57E6）防空导弹发射架、两门2A72型30毫米高射炮、预警雷达、跟踪雷达和光电装置等。两部导弹发射架位于炮塔的两侧，两门火炮则分别位于两部发射架的内侧。

炮塔顶部是预警雷达，雷达天线行军时可折叠。目标跟踪和导弹制导雷达与微光/被动红外等光电探测装置位于预警雷达的下部。当处于战斗状态时，越野卡车靠4个千斤顶来保证系统射击时的稳定性。

"铠甲–C1"系统的火控设备包括一部搜索雷达、一部双波段目标跟踪和导弹制导雷达、一个微光/被动红外探测装置、一套数字式计算机控制系统以及相关的导航、侦察和通信设备。搜索雷达能自动对多达20个目标进行预警，并能以较高的精度（方位角0.4°、高低角0.7°、距离50米）发送目标信息，保证目标跟踪和导

弹制导雷达以及光电设备快速对目标进行搜索和跟踪，因此系统的反应时间仅为5～8秒。

红外探测装置具有逻辑处理和自动跟踪目标功能，制导精度很高；雷达和红外探测装置都具有较强的抗干扰能力；合理的结构和通道选择能力使雷达和红外探测装置可同时跟踪目标，除了可通过雷达和光电通道同时制导3枚导弹分别攻击3个目标外，还可以同时制导两枚导弹攻击同一个目标。

"铠甲-C1"系统可进行全自动操作，并能根据战斗行动区域内的地形条件和战斗使用方案独立作战、协同作战，在连指挥车的指挥下作战，根据"主-从"原则在作战工作状态下进行防空作战任务。

俄罗斯已经对该系统的9M335（57E6）导弹进行了改进，改进后称为57E6yE导弹，并于1999年年初公布了该导弹的详细情况：筒装导弹长3.2米，导弹在主发动机段的直径90毫米，起飞段的直径170毫米；最大飞行速度1300米/秒，在18千米内的平均速度780米/秒；射程1千米～18千米，射高5千米～10千米。配用新型先进的雷达和自适应引信，战斗部的杀伤半径为9米。

射雕英雄："通古斯卡"自行防空系统（俄罗斯）

"通古斯卡"自行防空系统迷你档案	
全长	7.9 米
全宽	3.2 米
全高	4 米
战斗全重	34000 千克
最大射程	500 千米
最大速度	65 千米 / 小时

　　20世纪70年代末期，美国研制列装了反坦克武装直升机。直升机机载反坦克导弹射程4千米～5千米，对苏军坦克和装甲车辆的威胁日益增大，而苏军装备的3CY-23-4式23毫米4管自行高射炮射程近、杀伤力不足，并且不具备对付多目标的能力，因而面临严峻的挑战。苏军迫切需要研制新的防空武器系统取代3CY-23-4式23毫米4管自行高射炮，以对付美反坦克武装直升机。"通古斯卡"弹炮合一防空系统正是在这种背景下发展起来的。

　　"通古斯卡"自行防空系统采用GM-352M型履带式底盘，它是MT系列装甲

输送车底盘的发展型。车上装有陀螺仪导航系统、燃气轮机辅助动力装置、三防系统（包括有Y射线探测仪、化学毒剂监视器等）、自动灭火抑爆系统、加温装置、手提式灭火器、通风装置等，不仅使乘员有一个良好的工作和战斗环境，也提高了对原子和化学武器的防护能力。

"通古斯卡"防空系统的最大特点是"有（导）弹、有炮、有雷达"。由于自带搜索雷达和跟踪雷达，因此其具备了独立作战的能力。防空导弹和高射机关炮互相配合，覆盖不同的空域，可以发挥两种武器的特长，互相补充，相得益彰。机关炮的杀伤概率为60％，导弹的杀伤概率为65％，使整个系统在重叠空域的杀伤概率达到了86％，几乎是"十拿九稳"。

外国的军事专家评论说："'通古斯卡'是同类系统中唯一一种能在其最大射程内有效攻击武装直升机的防空武器。"从这一点来说，它要优于"阿达茨"防空-反坦克武器系统和日本的87式自行高射炮。

世纪之交，俄罗斯军方又完成改进型的"通古斯卡"M1弹炮合一系统。改进的重点包括：采用新的自动攻击目标模式，可将系统反应时间缩短到8秒；采用了改进型的车载稳定系统；雷达和火控系统也作了改进。生产厂商称，改进型系统的抗干扰能力更强，为基本型"通古斯卡"的1.3～1.7倍。

怪兽出世："联盟"–SV152毫米双管自行火炮（俄罗斯）

"联盟"–SV152毫米双管自行火炮迷你档案	
战斗全重	55000 千克
口径	152 毫米
射速	15 ~ 18 发 / 分
最大射程	70 千米
爆发射速	3 发 /20 秒

　　"联盟"–SV152毫米双管自行火炮由现有的2S19火炮系统的炮塔和履带式坦克底盘构成。每根炮管都安装有相应的炮口制退器。技术验证车最早完成于2006年年底，生产型火炮将采用每侧装有7个负重轮的底盘和加大型的炮塔。

　　"联盟"–SV152毫米双管自行火炮上配备有弹药处理系统，所有弹药都被储藏在炮塔座圈下面。车内共储藏有50枚152毫米弹头和相应的发射药。整个系统由两名乘员控制，而不是技术验证车中的5人。乘员位于车内前部，具有良好的装甲防护。"联盟"–SV火炮系统将比2S19火炮具备更强的火力和更远的射程。

　　"联盟"–SV152毫米双管自行火炮的主要武器为152毫米双管长身管火炮，每门火炮均配装用钛合金制成的"胡椒瓶"形炮口制退器。其系统采用了独特的被称为"拳击手"的液压缓冲装置，在发射过程中，两个炮管交替开炮，发射速

度达到15～18发/分。火炮顶端装有1挺12.7毫米机枪，用于防空和自卫。另外，炮塔两侧各配备了一组（3个）电控烟幕弹发射器。

目前，虽然世界上许多国家都在致力于研制和装备新型自行火炮系统，但没有一个国家像俄罗斯那样，研制出威力如此强大的"联盟"–SV152毫米双管自行火炮。"联盟"–SV152毫米双管自行火炮具有射速高、弹药供应量大、火力强、越野机动性好以及生存能力强等多项优良性能，相信不久就会在"战争之神"的大家族中露出其"野兽"的狰狞面目来!

美国火神：M163式自行高射炮（美国）

M163式自行高射炮迷你档案	
战斗全重	12300 千克
口径	20 毫米
有效射程	1620 米
最大行程	483 千米
最大速度	65 千米 / 小时

  "火神"M163式自行高射炮（也译作"伏尔甘"自行高射炮）于1968年8月研制成功，并开始装备美军。"伏尔甘"是罗马神话中"火与锻冶之神"，简称"火神"。

  M163式自行高射炮由火炮、火控系统、底盘、雷达、M61式瞄准具、夜视瞄准镜、M741式履带式装甲车等组成。口径为20毫米，管数6管，最大射高达到2800米，有效射高为900米，有效射程为1650米。

  M163式自行高射炮采用M113装甲输送车改进的M74I型履带式底盘，车体

为铝合金装甲全焊接结构，战斗全重达12300千克，比M42要轻得多。乘员只有4人。单从这两点来看，它要比M42先进得多。底盘最大速度达到65千米/小时，最大行程达483千米。

M163式自行高射炮的主要武器为6管20毫米机关炮，对空射击时的最大有效射程为1620米，最大射速达3000发/分，火力密度大，可保证有较高的命中概率。M163式自行高射炮火控系统包括一具光学瞄准具和一部测距雷达，雷达可在5千米的距离内跟踪目标。当然，它的雷达比起德国的"猎豹"自行高射炮上的雷达要低一个档次，但是比起M42则是一大进步。后来的M163式自行高射炮的改进型，重点都放在火控系统的改进上。M163式自行高射炮的最大特点是采用了无弹链鼓式弹舱结构，提高了供弹速度、射速和装弹量，减少了自动机结构，降低了故障；另外，M163式自行高射炮瞄准具功能齐全，可在各种不同的条件下作战；但是M163式自行高射炮也有自己的不足之处，那就是其射高较低。

装备M163式自行高射炮的国家除美国外，还有以色列、韩国、摩洛哥、苏丹、突尼斯、也门、厄瓜多尔、泰国和菲律宾等国家。在一些国家中，M163式自行高射炮一直服役至今。

快速打击："猎豹"35毫米双管自行高射炮（德国）

"猎豹"35毫米双管自行高射炮迷你档案	
口径	35毫米
射速	550发/分
有效射程	4千米
最大行程	550千米
最大速度	65千米/小时

　　"猎豹"自行高射炮于1973年设计定型，首批产品于1976年年底正式装备联邦德国陆军。到20世纪80年代初，德军共装备420辆。此外，出口到荷兰95辆，比利时55辆。此后，很多国家自行高射炮的发展大都受到了"猎豹"的影响，日本的87式自行高射炮就被外界评价为"另一个'猎豹'"。

　　"猎豹"自行高射炮采用"豹"1坦克底盘，便于实现底盘零部件的通用化和系列化。其战斗全重由"豹"1的41500千克提高到46300千克。"猎豹"有乘员3人：车长、炮长和驾驶员。其动力装置为MTU公司的10缸多燃料增压柴油机，传

动装置为机械式液压变速箱，有4个前进挡和2个倒挡。行动装置采用扭杆式悬挂装置，每侧有7个负重轮、4个托带轮，主动轮在后，诱导轮在前。最大速度为65千米/小时，最大行程550千米。

　　"猎豹"自行高射炮的主要武器为2门瑞士厄利空－康特拉夫斯公司制造的KDA型35毫米机关炮，身管长为3150毫米（90倍口径），每门炮的理论射速为550发/分。弹药基数为对空320发，对地20发。它既可攻击中低空飞行的飞机，也可攻击轻型装甲车辆等地面目标。火炮的方向射界为360°，高低射界为－5°～+85°，身管寿命为2500～3000发。配用的弹种有燃烧榴弹、曳光燃烧榴弹、穿甲燃烧爆破弹、曳光脱壳穿甲弹等。发射燃烧榴弹时最大射程12.8千米，有效射程4千米。

　　火控系统是自行高射炮的"核心"，在整个系统中的作用是难以代替、无与伦比的。"猎豹"的火控系统包括搜索雷达、跟踪雷达、火控计算机、辅助计算机、光学瞄准、红外跟踪装置、激光测距仪等。这两部雷达是西门子公司研制的产品，是整个系统十分关键的部件。搜索雷达为MPDR-12型全相零脉冲多普勒雷达，工作频率是S波段，天线转速为60周/分，最大搜索距离为15千米，具有敌我识别能力，可在静止和行进状态中不间断对空监视，并能将捕捉到的敌机信号自动传输给跟踪雷达。由于采用的是脉冲多普勒雷达，不仅能对空中飞行的飞机进行搜索，即使是悬停"不动"的直升机，也能在很短的时间内被发现。跟踪雷达为单脉冲多普勒雷达，天线位于炮塔前部、两门高射炮之间，工作频率在Ku波段，作用距离为15千米，可对多个目标进行同时跟踪。在不转动炮塔的情况下，方位扫描范围达到200千米。

岛国利器：87式自行高射炮（日本）

87式自行高射炮迷你档案	
战斗全重	38000千克
口径	35毫米
射速	2×550发/分钟
有效射程	4千米
最大速度	53千米/小时

日本于1976年开始87式自行高射炮的研制，1983年完成样车总装，1987年定型并装备部队，主要用于日本陆上自卫队的野战防空。

　　从外形上看，87式自行高射炮很像德国的"猎豹"自行高射炮，特别是炮塔部分，不过，底盘部分的差别比较大。"猎豹"自行高射炮的跟踪雷达在炮塔前部，而87式自行高射炮的跟踪雷达则和搜索雷达一道布置在炮塔后部上方。这一点，成为识别87式和"猎豹"自行高射炮最主要的外部特征。

　　87式自行高射炮的最大特点是像"猎豹"一样做到了"三位一体"，即将高射炮的火力、火力的指挥控制、电源供给这三大块综合到一体。再加上自身的机动，也可以称作是"四位一体"。

　　87式自行高射炮上的35毫米KDA机关炮重量为670千克，身管长3150毫米，发射速度为每门炮550发/分，使用对空中目标和地面目标的不同弹种。对空中目标的弹种有燃烧榴弹、曳光燃烧榴弹、曳光半燃烧穿甲弹等。

　　KDA机关炮的一个重要特点是：可以双向供弹，两种不同的弹药可以交替使用，随时从对空中目标射击转为对地面目标射击。对付地面轻型装甲目标时，采用曳光尾翼稳定脱壳穿甲弹，这种弹初速为1.39千米/秒，在1千米的射击距离上，可击穿法线角60°的40毫米厚的钢装甲，其交战距离估计在3千米左右，不超过4千米，实弹射击命中率仅仅为17%。

87式自行高射炮可以和飞行速度2.0马赫数以内的敌机作战，从发现目标到实施射击的反应时间为4秒。而在相同的情况下，短程地空导弹，如毒刺式导弹等，一般要8～10秒，而190高射炮等则需要4～8秒。这样，可使自行高射炮先发制人，抢先攻击敌方目标。两门35毫米机关炮装在炮塔外侧，既腾出了宝贵的车内空间，也减少了射击时的噪声和震动对乘员的影响。

战神传奇："飞虎"30毫米双管自行高射炮系统（韩国）

"飞虎"30毫米双管自行高射炮系统迷你档案	
口径	30毫米
射速	2×600发/分
有效射程	3千米
探测距离	17千米
跟踪距离	7千米

"飞虎"30毫米双管自行高射炮是韩国大宇重工业公司特种项目分公司自行研制的自行防空火炮。主要担负韩国陆军低空防御任务。1983年启动研制计划，1992年完成发射试验和完善评估工作，1999年11月19日通过性能测试，1999年12月交付韩国陆军。该火炮系统与韩国的"天马"防空导弹系统一起构成低空防

御网。

韩国"飞虎"30毫米双管自行高射炮系统的炮塔安装在新研制的全履带底盘上，炮塔两侧各装备1门瑞士厄利空–康特拉夫斯公司的30毫米自动火炮，炮塔的方向转动和火炮的高低俯仰都是电动的，火炮连发射速为单管600发/分。炮塔的后部安装一部预警雷达，指挥员的固定式瞄准具和火控系统安装在炮塔顶部。火控系统采用了先进的数字化计算机。

"飞虎"的探测装置和光电跟踪系统安装在两门火炮中间，用于对飞机和直升机进行全天候跟踪。前者由美国休斯飞机公司研制，后者由通信系统分公司研制。该系统由热成像装置、电视探测装置、激光测距机和自动化双模跟踪装置组成，其中的激光测距机重复频率高，并且对人的眼睛没有伤害，自动化双模跟踪装置用于锁定在地物干扰中飞行的低空目标。光电跟踪系统原为休斯飞机公司自筹资金研制的，后来赢得了韩国的生产合同，并于1998年年底开始交货。

　　火炮自问世以来，经过长期的发展，逐渐形成了多种具有不同特点和不同用途的火炮体系，成为战争中火力作战的重要手段，大量地装备了世界各国陆、海、空三军。在现代立体化战争中，火力仍然是战斗力的核心。火炮——战场上的火力骨干，以其火力强、灵活可靠、经济性和通用性好等优点，已成为战斗行动的主要内容和左右战场形势的重要因素。火炮既可摧毁地面各种目标，也可以击毁空中的飞机和海上的舰艇。因此，作为提供进攻和防御力量的基本手段，火炮在常规兵器中占有十分稳固的地位。

第1节　其他火炮家族

　　火炮的发展受到社会经济能力和科学技术水平的制约，同时也受到军事战略和战术思想的支配。第二次世界大战以来，科学技术的飞快进步，特别是微电子、计算机、光电子和新材料等技术的发展，使火炮在设计、制造和使用方面有了一系列变化，大大加快了火炮更新换代的步伐。现代火炮早已不是单纯的机械装置，而是与先进的侦察、指挥、通信、运载手段以及高性能弹药结合在一起的完整的武器系统。并且，火炮的家族也有了巨大的变化。

一、战场先锋——加农炮

　　加农炮这个名称最早由拉丁文Canna一词演变而来，英文称它Cannon，译成中文叫加农炮，它的原意是管子的意思。它是一种身管较长、初速大、射程远、弹道平直低伸的野战炮，最早于14世纪出现并应用于战争中，适用于对装甲目标、直视目标和远距离目标的射击。海岸炮、坦克炮、反坦克炮和航空机关炮都具有加农炮弹道低伸的特性。

1.加农炮的由来

　　据英国的一本《火炮发展史》记载，大约在8世纪的时候出现了一种圆筒状火

炮，长约3米，发射15千克重的炮弹，要用21匹马拖行。这种炮十分笨重，操作困难，射程却很近。为了增大射程，人们采用细长的炮管，并用低伸、平直的弹道向目标射击，取得较好效果。以后，凡是身管较长、弹道较低伸的火炮，人们都叫它加农炮。

2.加农炮的分类

加农炮按口径分：70毫米以下的为小口径加农炮；76毫米~130毫米的为中口径加农炮；130毫米以上为大口径加农炮。按运动方式可分为：牵引式、自运式、自行式和装载到坦克、飞机、舰艇上的载运式4种。

3.加农炮的组成

加农炮主要由炮身、炮架、瞄准装置等部件组成。主要特点是身管长（一般为口径的40~80倍）、初速大（通常在700米/秒以上）、射程远（如152毫米~155毫米加农炮的最大射程可达22千米~35千米）。加农炮主要用于射击装甲目标、垂直目标和远距离目标。加农炮对装甲目标和垂直目标，多用直接瞄准射击；对远距离目标，则用间接瞄准射击。

加农炮使用弹种有杀伤榴弹、爆破榴弹、杀伤爆破榴弹、穿甲弹、脱壳超速穿甲弹、碎甲弹、燃烧弹等。所以，加农炮是进行地面火力突击的主要火炮。

二、铁甲利器——坦克炮

坦克炮是现代坦克的十分重要的武器。坦克主要进行近距离作战，在1.5千米～2.5千米距离上的射效高，使用最为可靠，常常用来歼灭和压制敌人的坦克装甲车，达到消灭敌人的有生力量和摧毁敌人的火器与防御工事的目的。坦克炮是在小口径地面炮的基础上演变而来的。现代坦克炮是一种高初速、长身管的加农炮。它的主要诸元有口径、穿甲弹的初速、全装药杀伤爆破榴弹和减装药杀伤爆破榴弹的初速、高低射界、方向射界、炮弹重量和弹药基数等。

1.坦克炮的发展

1973年10月，第四次中东战争爆发，交战双方——埃及、叙利亚与以色列在短短的几天里，共投入5500辆坦克和9000多辆装甲车。这是第二次世界大战以来爆发的一次规模最大的坦克战。

在短短18天的战争中，在苏伊士运河两岸，在丘陵连绵的戈兰高地上，到处是坦克、火炮和各种装甲车辆的残骸。战场变成钢铁的垃圾场。双方共损失坦克3000多辆，占参战坦克数量的一半。而毁于坦克交战中的坦克，多达1000辆，占损失坦克数量的1/3。这些数字，充分表明了坦克大会战的程度和用坦克打坦克的效果，以及坦克在现代地面战场上的重大作用。

▲第四次中东战争中以色列的美式 M60 坦克

现在发达国家的军队中，不但有专门的坦克师或装甲师（就是步兵师），也编有坦克团，一个步兵团还有一个坦克营，一个师有300多辆坦克，一个团也有几十辆坦克。目前，全世界108个国家和地区共装备约16万多辆主战坦克。毫无疑问，坦克必然是现代陆战场的主要兵器。

现代坦克和飞机、军舰一样，是一个综合武器系统，不但行驶快，还有足够的火力、相当的防护和整套的电子设备。

坦克的火力主要是一门主炮，它的口径从第二次世界大战的85毫米到90毫米，增大到今天的120毫米～125毫米，并配有多种新式弹药。配有火控系统的坦克炮，对2千米以外的目标，首发命中概率可达到50%以上。坦克除一门主炮外，还有一挺机枪或高射机枪。

现代坦克的装甲也是很厚的，特别是前面的主装甲最厚，都在100毫米以上，苏联的T-72坦克，前主装甲有204毫米厚，像夹心饼干一样，由三层材料复合而成，一层钢板，一层非金属材料，再加一层钢板。前装甲不仅厚，而且倾斜安装，一般倾斜65°～68°。斜放，相当于增加了钢板的厚度，一块100毫米厚的钢板与垂直线成68°倾斜角，它在水平方向的厚度就是265毫米，这样抗弹能力就加强了。另外，炮弹打到倾斜的装甲板上，很容易跳飞，好像我们用瓦片在水面上打水漂一样。这样，炮弹虽然打中了坦克，但不能破坏它。至于坦克的其他部位装甲就比较薄，一般不超过50毫米。

正因为坦克是如此厉害的进攻武器，所以各国不仅重视坦克的发展，而且也重视反坦克武器的发展。在众多的反坦克武器中，坦克炮的发展在战后一直走在反坦克炮的前面。

第二次世界大战以后，相继出现了三代坦克。苏联的T-54/55系列、美国的M48巴顿系列和英国的逊丘伦系列坦克属于第一代。20世纪60年代发展起来的苏联的T-62、美国的M60系列、英国的"奇伏坦"和"维克斯"、法国的AMX-30、瑞典的S型无炮塔坦克、瑞士的PZ61/68、德国的"豹"1坦克，属于第二代。70年代以后发展起来的苏联的T-72、德国的"豹"2、美国的M1和M1A2、英国的"挑战者"、法国的"勒克莱尔"、日本90式主战坦克，属于第三代。

坦克炮和反坦克炮在各代坦克发展中，面临着装甲防护力不断增强的挑战。当然，坦克炮和反坦克炮的发展也促进了坦克装甲在质与量上的不断变化。

60年代前，发展与装备的第一代坦克，前装甲厚度均已超过100毫米，坦克炮的

▲ "勒克莱尔"主战坦克使用的120毫米坦克炮

口径也从75毫米~85毫米发展到90毫米~100毫米，弹丸初速提高到0.9千米/秒~1.1千米/秒。由于弹丸质量与初速，随火炮口径同时增长，这一时期坦克炮炮口动能几乎是战前坦克炮炮口动能的两倍。虽然如此，由于坦克炮依然使用传统的弹药，其动能穿甲弹的穿透性能提高有限。

进入60年代，非均质钢甲的广泛采用，火炮的穿甲能力更显不足。新的挑战促使火炮弹药寻求新的技术途径去抗衡，也孕育着新一代坦克火炮及弹药的发展。其中最具代表性的是苏联T-62坦克的2A20式115毫米滑膛坦克炮和英国的L7式105毫米线膛坦克炮。特别是滑膛坦克炮及长杆式超速脱壳穿甲弹的问世，坦克炮穿甲性能有了新的突破，成为第二代坦克发展的重要标志。

70年代以来，第三代坦克所配备的火炮充分利用了二代坦克炮与弹药上取得的技术成果，在保持口径适度增长条件下，广泛采用了长杆式脱壳穿甲弹，使弹丸初速达到1.8千米/秒。三代坦克炮口径一般为120毫米~125毫米。火炮弹药系统形成的穿甲能力，达到能穿透500毫米厚的钢甲。促使三代坦克在装甲防护上，普遍采用了复合装甲和侧屏蔽装甲。

这一时期具有代表性的坦克炮，有苏联T-72坦克的2A46式125毫米滑膛炮、德国豹2式坦克的120毫米滑膛炮和英国"挑战者"坦克的120毫米线膛炮等。

2.坦克炮的构造

坦克炮一般是由炮身、炮闩、摇架、反后坐装置、高低机、方向机、发射装置、防危板和平衡机组成的。炮身在火药气体的作用下，赋予弹丸初速和方向。炮口或靠近炮口部位（加粗部分）的抽气装置是坦克炮所特有的。当弹丸飞离炮口时，膛内压力迅速下降，抽气装置利用火药气体本身的引射作用把自身原有的火药气体从喷嘴排出，使喷嘴后的膛内形成低压区，从而可将炮膛内残存的火药气体排到膛外，以免废气进入战斗室，影响乘员战斗力。坦克炮的身管管壁受太阳辐射、雨淋、风吹会产生温度梯度，致使身管弯曲，弹着点偏移。根据试验，某坦克105毫米火炮受阳光暴晒、身管的上下温度差达3.6℃时，炮口偏移2密位。为此，现代主战坦克炮一般都装有隔热套。有的隔热套是用两层玻璃纤维增强塑料，中间填以泡沫塑料制成的。有的隔热套是用绝缘材料或导热金属铝制成的单层同心套，以身管和同心套间的空气作为隔热层。也有的用金属与绝缘材料相间排列套在身管外面。其中，以后者的性能最佳。隔热套能使火炮发射时产生的热量在身管四周均匀分布，减少身管变形，从而提高火炮的命中率。

▲美国 M1A1 坦克使用的 120 毫米坦克炮射击

　　现代坦克炮的威力是很大的，它能远距离穿甲。苏联T－72坦克125毫米火炮发射初速1.65千米/秒的长杆式动能弹时，在2千米距离上可击穿140毫米/60°的靶板，也就是穿透将近一尺厚的钢板。联邦德国"豹"2坦克120毫米火炮发射初速度为1.65千米/秒的长杆式动能弹时，在2.2千米距离上可击穿厚度为350毫米的垂直装甲，即可击穿现今各种坦克。

三、王者克星——反坦克炮

　　反坦克炮是主要用于打击坦克和其他装甲目标的火炮。它具备炮身长、初速大、直射距离远、发射速度快、穿甲效力强等显著特点，大多属加农炮或无坐力炮类型。反坦克炮的弹道弧度很小，通常情况下对目标进行直接瞄准和射击。

1.反坦克炮的历史

　　1916年，第一批坦克投入实战后，在各国军队中极其轰动，它们纷纷开始研究自己的坦克和各种反坦克武器。很短的一段时间之后，世界上第一种反坦克炮就在法国被制造出来，并命名为"乐天号"。"乐天号"反坦克炮可以看成是加农炮的同族兄弟，它的特点是炮管较长，炮膛压力较大，因而其实心的穿甲弹出

▲ 美国 M10 坦克歼击车

炮口之后，动量很大，具有足够穿透坦克装甲的能力。

第一次世界大战后，坦克被越来越多的国家大量使用，各国专用反坦克炮也随之相继问世。随着局势的发展，科技的日益进步，进入20世纪60年代以后，反坦克导弹的销量十分惊人。反坦克炮的发展势头日趋缓和，在西方基本处于停滞状态，原有装备也逐渐被淘汰。70年代中期，由于复合装甲技术的飞快发展，反坦克炮又一度崛起，其地位和作用已越来越引起重视，轮式自行反坦克炮尤其令人注目。

一些国家在70年代以后逐步用反坦克导弹取代了反坦克炮，还有一些国家则用自行反坦克炮机动性和防护性较差的牵引式反坦克炮。后者是坦克发展的新趋势，近年来，由于安装在轮工装甲车辆底盘上的自行反坦克炮的成本只有坦克的1/3左右，其机动性又远胜过其他反坦克兵器，所以很多国家又将它纳入发展的计划之中。自行反坦克炮外形与坦克相差无几，但不如坦克那样注重对步兵进行火力支持的能力，而强调反坦克能力，在这样的情况下，某些国家把它称作"歼击坦克"。

2.反坦克炮的分类

反坦克炮按其内膛结构划分，有线膛炮和滑膛炮两大类，滑膛炮发射尾翼稳定脱壳穿甲弹和破甲弹；按运动方式划分，有自行式和牵引式反坦克炮两种。自行式除传统的采用履带式底盘以外，在现在研制中的大多考虑采用轮式底盘，以减轻重量便于战略机动和装备轻型或快速反应部队。在牵引式反坦克炮中有的还配有辅助推进装置，这样设置的目的是进入和撤出阵地十分便利。

四、战鹰利爪——航空机炮

莱特兄弟研制的飞机成功试飞的时候，绝对不会想到，飞机能那么快成为战场上的主宰力量。一开始，飞行员只是用随身携带的手枪战斗，或者用渔网缠住对方的螺旋桨。之后，步枪和机枪很快都搬上了飞机。但是随着飞机制造材质由木、皮等软性材质，变成铝合金、钢等硬材质，小口径的枪械开始显得威力不足。于是，人们开始研制大口径的航空炮。

1916年，法国研制成了37毫米航炮。但是由于37毫米航炮采用的是手动装填，射击速度太慢，因此，对行动灵活的飞机毫无威胁。空战中，反应时间短、射速快是最重要的指标。在这一点上，早期的航炮无法和机枪媲美。机枪重量轻、射速快、后坐力小，对飞机的载荷也轻，再加上载弹量大，因此，在第二次世界大战之前，航空机枪成为空战的主要武器。

你知道吗

美国A-10雷电二式攻击机，主力武器是30毫米的反战车用GAU-8复仇者机炮，为有史以来威力最强大的战机用机炮。可以于一分钟发射3900发大口径贫铀弹，其质量及高速可以用来对付厚重的坦克装甲。

▲ 安装在 A-10 内的 GAU-8

但是，航空机枪对付坦克等"硬壳"装甲目标，威力过小。所以，人们一直没有放弃对大口径航炮的追求。

所谓"天下20炮，半出厄利空"。中欧国家瑞士的厄利空-康特拉夫斯公司，研制出了有史以来影响最大的20毫米机炮系列。至今，该公司研制的小口径航炮、高射炮已装备了美国、英国、德国、俄罗斯、法国等几乎所有的主要国家。该公司研制的高射炮在20世纪80年代，通过许可证生产的方式进入中国。现在，美国的近防炮"密集阵"，也是由该公司研制的机关炮发展而来的。

航空机炮在第一代喷气式战斗机上大展身手，随后，就被导弹取代了主力位置。导弹首先由德国研制，采用无线电制导，以固体燃料作为动力，但是实用性不足。到第二次世界大战结束以后，空空导弹的射程和威力都远远超过航炮，并迅速取代航炮成为空战的主力装备。但是，美国的专家对导弹过于乐观。在越南战争中，美军的F-4"鬼怪"战斗机甚至完全抛弃了机炮，只装备了"麻雀"和"响尾蛇"空空导弹。在实战中，被装备了航炮的米格-17和米格-21打得一败涂地。原来，当时的导弹性能并不是很好，而且，一旦被近战格斗性能良好的米格机逼近，便会失去反抗的能力。

后来，第三代战斗机上都装备了航空机炮。即使是世界上最先进的F-22战斗机，也装备了一门20毫米M61A2火神式六管旋转机炮。现代战斗机装备的，基本上都是小口径的机炮。37毫米以上口径的机炮几乎没有在实战中大规模使用。

大口径的航空机炮的火力是十分强大的。据英国专家介绍得知，一发45毫米的炮弹就足以对一架战斗机进行彻底摧毁。但是大口径航空机炮的后坐力太大，以致第二次世界大战时期的飞机结构和材质都无法承受这么大的后坐力。

五、战舰神器——舰炮

1.舰炮发展简史

舰炮这一古老的常规舰载兵器，作为执行海上作战任务的一种热兵器，是14世纪最早用于战船上的原始舰炮。到16世纪初，舰炮得到了进一步发展。到19世纪30年代，战船上已装有200毫米～220毫米轰击炮，在1853年锡诺普海战中首次使用。一直到20世纪30年代，舰炮都是海战中夺取制海权的主战兵器。

1905年的日俄海战把"大舰巨炮"制胜理论和战列舰主宰海洋理论推向了新阶段。自此，拥有战列舰的多少和主炮口径的大小，就成了衡量海军战斗力的标志、国家实力的象征。到1908年，英、美、法、德、日、俄、意、奥等八国战列舰总数就达166艘。

到20世纪20年代，"大舰巨炮"步入鼎盛的发展时期，以至于水鱼雷的出现并没有撼动舰炮作为海战主战兵器的地位。第一次世界大战期间，1916年的日德

▲美国"密苏里"号战列舰上巨大的舰炮

兰海战，成为"大舰巨炮"的海战经典之战。

而到了第二次世界大战，载满舰载机的航空母舰已经取代以大口径火炮为主要作战兵器的战列舰，成为海上作战新的霸主，舰炮的作用已经大大下降。但是仍然出现少数超级战列舰，例如日本"大和"号与"武藏"号战列舰。

舰炮在海战中的地位与作用，可以从两次世界大战中击沉大中型水面作战舰艇的比例中得到证实：在几种海战兵器里，舰炮在第一次世界大战中击沉的大中型水面舰艇占被击沉总数的29%左右，而在第二次世界大战中占被击沉击伤舰艇的19%左右。

20世纪60年代，反舰导弹的出现，以及接踵而至的舰空导弹和巡航导弹等精确制导武器的大量应用，使舰炮武器面临有史以来最大的一次挑战。于是，一场关于海军舰艇上还要不要装炮，以及装什么炮的争论日益激烈起来。

在这种环境下，舰炮度过了它的"低谷"时期。在经过了众多次的实战检验之后，舰炮的不可替代性得到了重新确立。

在1982年的英阿马岛海战期间，英国MK8型114毫米舰炮共发射了包括诱饵

▲美国的密集阵近程防御武器系统

弹在内的8000余发炮弹，有效地打击了阿根廷的空中和地面有生力量。据英国司令部白皮书记载，由MK8型114毫米舰炮击落了7架阿根廷飞机。

在1991年海湾战争期间，美国动用了2艘"依阿华"级战列舰"密苏里"号和"威斯康星"号，使用舰上的406毫米超大口径舰炮连续数日对伊拉克军队部署在滨海地区的军事目标进行了猛烈的轰击，共发射100余发炮弹，弹丸重量总计100余吨。摧毁了伊军的岸防导弹阵地、岸炮阵地、雷达站、指挥所等多处军事目标，使伊军遭受重大损失。

20世纪后期，随着电子技术、计算机技术、激光技术、新材料的广泛应用，形成由搜索雷达、跟踪雷达、光电跟踪仪、指挥仪等火控系统和舰炮组成的舰炮武器系统。制导炮弹的发明，脱壳穿甲弹、预制破片弹、近炸引信等的出现，又使舰炮武器系统兼有精确制导、覆盖面大和持续发射等优点，成为舰艇末端防御的主要手段之一。

2.舰炮威力

舰炮是一种以水面舰艇为载体的火炮。舰炮自问世起直到第二次世界大战前，都是海军舰艇的主要攻击武器，也是决定海战胜负的关键武器。历史上的舰炮曾起着无与伦比的作用，其威力主要表现在以下三方面。

第一，水面作战。对敌舰船进行有效打击，从几百米到几十千米的有效射程内，进行船舷单边齐射。一般对战列舰，采用加强穿甲弹，对航空母舰采用重型燃烧弹。

第二，对岸作战。对岸基进行有效的支援，特别用于抢滩时，舰炮对岸基防御进行有效的破坏。

第三，对空作战。对空中飞行目标进行打击，当舰炮仰角提升至70°，舰炮采用燃烧复合弹，对敌机产生强有力的恐吓作用和打击能力。

随着科学技术的一步步发展，舰炮作为传统的武器也在一步步革新，传统的"大舰巨炮"主义时代，是以舰炮口径大小、炮台数量来评定战列舰的等级。

而如今，舰炮的巨大口径已经一去不复返，取而代之的是速射能力、近程打击能力，以及维护能力和升级能力更强的口径较小的舰炮。"大舰巨炮"时代的大口径舰炮已经被制导导弹所取代。

当代舰艇将导弹作为主要攻击武器，在各型驱逐舰、护卫舰，都已配属各型导弹，按所防空间，划分为防空、对舰、对潜类型；按距离的远近，又可分为远程、中程和近程。

▲美国海军最新式 Mk110 式 57 毫米舰炮

在这些高精尖武器之外，每艘军舰一定配备舰炮。只是这些舰炮已经不再像20世纪30、40年代那样，拥有多座舰炮且口径各异，一般也只配备一座主舰炮，以及数座近程防空舰炮。常见的主舰炮为100毫米、70毫米等型号，而近程防空炮则为37毫米和30毫米两类。100毫米或70毫米的主舰炮，用于中远程攻击，其攻击距离一般在20千米左右，而37毫米和30毫米的防空火炮，则是近程反导弹火炮，用来拦截对舰导弹。

由于科技的进步，如今的舰艇所配属的舰炮都已经是自动化，包括自动装填、自动瞄准与开火等。

3.舰炮分类

根据不同的分类标准，舰炮可分为多个种类。按担负的任务可分为主炮和副炮。按射击对象可分为平射炮和高射炮。按自动化程度可分为自动炮、半自动炮和非自动炮。按装置特点可分为炮塔炮、甲板炮塔炮和甲板炮。按炮管数可分为单管炮、双管炮和多管联装炮。按外形可分为全封闭式炮、护板式炮和暴露式炮。

在当代，大多数国家海军对舰炮通常采用以口径分类的做法。通常把76毫米以下的称为小口径舰炮，76毫米~130毫米的称为中口径舰炮，130毫米以上的称为大口径舰炮。

大中口径舰炮主要作为当代舰艇的主炮，通常为加农炮，身管长度一般为40倍口径以上，特点是弹丸初速高、弹道平直、射程较远；可多管联装、结构紧凑；火炮射界大、射速较高；操作灵活，破坏威力大。典型的大中口径舰炮有美国的MK45型127毫米舰炮、意大利的"奥托"系列舰炮、法国紧凑型100毫米舰炮、俄罗斯的AK130型130毫米双联装舰炮、中国的100毫米双管舰炮等。当代舰艇的小口径舰炮口径在76毫米以下，虽然没有大中口径舰炮的巨大威力，但是它们反应快速、发射率高，与导弹武器配合，可进行对空防御、对水面舰艇作战、拦截掠海导弹和对岸火力支援等多种任务，成为现代舰艇的防身武器。

在这样的历史背景之下，作为舰载武器系统的终端执行武器，不论是海、陆、空，还是加上天电的立体化战争，不论是前端的信息战与电子战，从对海、对岸、对空三个主体方面而言，舰炮的作用都是相当重要，无法替代的。

六、单兵利刃——火箭筒

1.火箭筒简介

火箭筒是一种便携式反坦克武器，主要发射火箭破甲弹，也可发射火箭榴弹或其他火箭弹，用于在近距离上打击坦克、装甲车辆、步兵战车、装甲人员运输车、军事器材和摧毁工事及杀伤有生目标，也可用来杀伤有生目标或完成其他战术任务。

火箭筒的主要特点如下：

第一，质量小、结构简单、操作方便、造价低，可以单兵携带，易于大量生产和装备；

第二，弹道低伸、射击精度较高；

第三，射速高，火力猛，杀伤效果好；

第四，能在有限空间内使用，适于城镇巷战，也能在碉堡、掩体以及野战工事内使用；

第五，可减小发射痕迹，战场生存能力较强。

火箭筒由发射筒和火箭弹两部分构成。按发射使用和包装携行方式可分为：发射筒兼做火箭弹包装具，打完就扔的一次使用型；弹、筒分别包装携行的多次使用型。按发射推进原理还可分为：火箭型和无坐力炮型，也有些学者将后者划

▲40 火箭筒

归为无坐力炮的一种。

2.火箭筒的结构

发射筒上装有瞄准具和击发机构。射击时，火箭弹飞行，火箭弹后部多半装有稳定尾翼，弹头多为穿甲弹或破甲弹。

火箭型采用两端开启的钢制发射筒，靠弹内火箭发动机产生的推力推动火箭弹运动，发动机排出的火药燃气从筒后喷出，使武器无后坐力。

无坐力炮型采用平衡抛射的戴维斯原理，靠发射药在两端开启的钢制发射筒内燃烧形成的火药燃气压力推动弹丸运动，并利用火药燃气从筒后喷出产生的反作用力，消除筒的后坐力。

3.火箭筒的威力之源

火箭筒之所以能有效地击破坦克那厚厚的装甲，是因为它所发射的火箭弹普遍采用了一种被称为"聚能装药"的设计。

所谓聚能装药，是将高爆炸药制成一个内凹的形状（或类似于抛物线状），起爆时则爆炸的能量因"聚能效应"而聚集于一点，将火箭弹的金属外壳锻造形成一个温度、压力极高的金属流体，从而冲破装甲，杀伤其中的人员，破坏其中的装备。

第2节　其他火炮家族集锦

在现代的信息化战争中，火炮仍保持着它"战神"的称号，深受各国军队的喜爱。发展至今火炮出现了许多新类型。现代火炮按用途分为地面压制火炮、高射炮、反坦克火炮、坦克炮、航空机关炮、舰炮和海岸炮。其中地面压制火炮包括加农炮、榴弹炮、加农榴弹炮、步兵炮、战防炮、无后坐力炮和迫击炮，有些国家还包括火箭炮。反坦克火炮包括反坦克炮、战防炮和无后坐力炮。按弹道特性分为加农炮、榴弹炮和迫击炮。

舰上蛇王：MK-38"海蛇"25毫米舰炮（美国）

MK-38"海蛇"25毫米舰炮迷你档案	
战斗全重	850千克
口径	25毫米
射速	175发/分钟
最大初速	980米/秒
最大射程	2.5千米

在美国海军的主战舰艇、巡逻艇、两栖舰、军辅船以及海岸警卫队的快艇上，大都装备有一种用于近程自卫的小口径舰炮（亦称机关炮），这就是MK-38型25毫米舰炮。近20年来，该炮已由最初的Mod1型演变为新款Mod2型，由一型手动舰炮发展成为一型性能优良的全自动舰炮。

MK-38型25毫米舰炮是美国海军水面作战中心于1980年牵头研制的一种小口径舰载火炮，1982年调整了原设计方案，1984年开始舰上样机试验，1987年形成装备，首装于海岸警卫队快艇，定名为MK-38 Mod1型"海蛇"25毫米舰炮。该炮采用了北约标准的外能源链式自动机，具有一些独特的优点，例如结构简单、

尺寸紧凑、重量轻巧、射击精度高（尤其是首发命中率高）、工作可靠、动作平稳、无剧烈撞击、易实现射速控制等。该炮身管长2.3米，旋回和俯仰由人工手动控制，配用高爆榴弹，工作寿命1.3万发。

为进一步提高MK-38 Mod1型"海蛇"的作战能力，美国海军于20世纪90年代初开始对其进行升级和改进，主要改进之处包括换装稳定型炮座，增加自动遥控工作模式，加装炮载光电火控系统等。1994年10月，改进后的MK-38 Mod1型样炮在海军装备展上首次亮相，不久被定名为MK-38 Mod2型25毫米舰炮。改型炮由原来的外能源链式自动机和全新的炮座组成，新炮采用了M242型"大毒蛇"25毫米自动机、以色列拉斐尔公司研制的"台风"稳定型炮座和新型光电指挥仪，可以配用美国海军的所有25毫米弹药，具有优良的技术性能。炮载光电火控系统由前视红外传感器、微米激光测距仪和电源等组成，可相对于火炮独立转动，捕获目标后可投入自动跟踪，支持全自动和手动两种作战方式。MK-38 Mod2型25毫米舰炮全重850千克，炮位备弹量168发，射速从单发至175发/分五挡可调，有效射程2.5千米，主要使命除防空外，还用于在浅海水域和锚泊或行进中对付小型水面快艇的"打了就跑"式威胁。

从2004年6月起，美国联合防务公司和以色列拉斐尔公司开始联手为美国海军试验并生产MK-38 Mod2型舰炮，装备美国海军驱逐舰、两栖登陆舰等水上平台。此外，澳大利亚和新西兰海军也向美方求购了MK-38 Mod2型舰炮，装备其各自的海岸巡逻艇和多用途快艇。

未来新星：155毫米舰炮（美国）

155毫米舰炮迷你档案	
战斗全重	290 吨
口径	155 毫米
射速	10 发 / 分钟
最大初速	700 米 / 秒
最大射程	134 千米

早在多年前，美国海军就提出了62倍口径的155毫米先进火炮系统的发展计划，拟将其作为主炮装备于即将服役的DDG-1000级对地攻击驱逐舰上。

作为155毫米先进舰炮系统的总承包商，美国联合防御公司（美国海军现役MK-45型127毫米舰炮的开发商）早在20世纪90年代末就已开始先期概念原理研究，并于2000年12月正式开始样机研制。2001年11月，155毫米的先进火炮身管率先在明尼苏达州火炮试验场验收成功；2002年8月，美国国防部正式授予联合防御公司总价为3亿美元的合同，155毫米先进火炮系统的设计开发工作全面启动。

按照预定进度，首台155毫米火炮样机已于2004年完成。2005年8月，该155毫米火炮进行了射速演示试验，结果表明制导炮弹的射速为10发/分，射程达134千米，自动供弹系统也达到设计要求。2007年7月2日，研制公司宣称，将于当年秋季在亚拉巴马州建立新的生

产线，开始生产155毫米先进火炮系统，争取2009年获得初步作战能力。

即将推出的155毫米先进火炮系统是第二次世界大战结束以来世界上开发的最大口径舰炮，其主要用途是向两栖作战和陆上联合作战部队提供高密度的海上持续支援火力。该炮的身管设计长度为62倍口径，药室容积29.5升，初速约700米/秒，射速12发/分（单管）；采用隐身炮塔，备有两个自动化弹舱（每舱储弹750发）；可发射一系列弹药（包括由陆军制式155毫米弹药改进而来的标准弹道式弹药和正在开发中的各种制导型先进弹药），射程达185千米；全炮自重95吨，系统全重290吨，只有8000吨以上的水面舰艇才能搭载。

在155毫米先进火炮系统投入正式开发的同时，美国海军又启动了与之配套的先进弹药的研制计划。2002年8月，火炮承包商联合防御公司发出招标书，要求对155毫米的远程对地攻击弹药进行方案设计论证和风险研究。为竞标该项目，雷神公司和洛·马公司/国际应用科学公司分别提出了自己的方案，并进行了卓有成效的先期研究。

第二次世界大战利器："巴祖卡"火箭筒（美国）

"巴祖卡"火箭筒迷你档案	
战斗全重	6.5 千克
口径	60 毫米
全长	1.55 米
最大初速	81 米 / 秒
最大射程	460 米

　　"巴祖卡"是第二次世界大战中美军使用的单兵肩扛式火箭发射器的绰号，也称Stovepipe，因其管状外形类似于一种名叫巴祖卡的喇叭状乐器而得名，它是第一代实战用的单兵反坦克装备。

　　"巴祖卡"火箭筒由发射筒、肩托、挡焰罩、护套、挡弹器、握把、背带、

瞄准具以及发射机构和保险装置等组成。发射筒是个整体式钢筒，前面焊有环形挡焰罩，上面焊有准星座和表尺座，下面有握把连接耳，中部有皮革防热护套。肩托用木材制成，在肩托后面的一段发射筒上缠有钢丝，用以加固筒身。

　　该火箭筒的发射机构由发射机体、扳机、扳机簧、电路接触环、断路保险以及手电筒电池组和导线、检验灯等组成。背带的一端连接于握把底部，另一端直接拴在筒身后部。

　　总体来说，"巴祖卡"火箭筒结构简单，坚固可靠，能在非常恶劣的环境下使用，在这几点上，与著名的AK-47突击步枪很相似。但由于研制仓促，"巴祖卡"火箭筒的外观显得有些粗糙，且整体比较笨重。

　　"巴祖卡"火箭筒配用破甲火箭弹。破甲弹由战斗部、机械触发引信、火箭发动机、电点火具、运输保险、后向折叠式尾翼等组成。战斗部由风帽、弹体、药型罩、空心装药、起爆药柱等组成。风帽、弹体用薄钢板制成，装有TNT和黑索金混合炸药288克。发动机燃烧室、喷管用钢材制成，装药结构为5根单孔双基药柱，电点火具位于中间，部分主动段裸于筒外。

在1942年11月登陆北非中的火炬行动中，"巴祖卡"火箭筒第一次投入实战使用，当时配用的M1火箭筒和M6火箭弹都是为了及时装备北非作战的美国军队在十分仓促的时间内制造完成的。

但是，遗憾的是，由于没有人受到过专业训练，那些性能极其可靠的M6火箭弹连同M1火箭筒并没有在北非战场中发挥出应有的效力。1943年，当美军将军到达突尼斯前线时，他蓦然发现竟然没有一个人告诉他"巴祖卡"火箭筒是否可以阻挡德军的坦克。

1943年5月。当盟军在攻打西西里岛时，部队中装备了少量的M1A1（发射M6A1改进型火箭弹）。在一次战斗中，"巴祖卡"击毁了德军4辆中型坦克和1辆虎式坦克。

战场宠儿：M72 火箭筒（美国）

M72 火箭筒迷你档案	
战斗全重	3.5 千克
口径	66 毫米
全长	0.98 米
最大初速	78 米 / 秒
最大射程	1 千米

M72是一次性火箭筒的典型代表，由美国赫西东方公司于1958年开始研制，1962年批量生产，1964年大量装备美国部队，并在越南战争首次使用。由于早期的型号不太准确，经过改进瞄准具和火箭发动机后，M72在1971年停产，被其改进型M72A1和M72A2所取代，随后又发展出近10个衍生型。M72系列火箭筒被多个北约组织成员国所广泛采用，还被多个国家仿制和生产。

M72火箭筒最大的特点是采用了一种创新的概念：预封装的可以发射的火箭和使用后即弃的发射器。由于携带和使用方便，因此受到广泛欢迎。

M72火箭筒由发射筒组件、击发装置和瞄准具等组成。发射筒为抽拉的套叠结构，外筒用玻璃纤维浸环氧树脂绕制而成，外筒径68毫米。内筒为高强度铝合金制品，内筒径66毫米，两侧有纵槽，可在导向销限制下相对于外筒纵向滑动。当定位销进入内筒的定位槽时，内筒和外筒闭锁在发射状态。外筒右侧有定位器

组件，用橡胶薄膜密封，按压闩柄抬起定位销，内筒可缩回。内外筒之间用橡胶环密封。发射筒后盖铰接在外筒后端下方，打开后向前折叠，可用作抵肩；前盖与薄钢带、弹簧组成合件，另一端扣在后盖上，当后盖打开时，此合件脱落。

M72火箭筒由针刺火帽、导火索和点火具组成发火机构。当击针以足够大的冲击力撞击火帽时，火帽发火并点燃导火索，再由导火索点燃黑火药，黑火药火焰冲破点火具薄膜点燃推进剂，从而使火箭发动机开始工作。

战舰王者：DS30B 30 毫米舰炮（英国）

DS30B 30 毫米舰炮迷你档案	
战斗全重	800 千克
口径	30 毫米
射速	200 发 / 分钟
最大初速	1.05 千米 / 秒
最大射程	4 千米

DS30B舰炮又称MK-1型单管30炮，是英国MSI防御系统有限公司研制推出的

一种舰载小口径火炮，主要用于防空反导，也可对付水上目标。目前，英国海军已购置70多座该炮，装备了包括22型、23型护卫舰在内的各种现役水面舰艇。

DS30B舰炮的主要特点是有3种不同的控制方式——炮位控制方式、遥控方式和自主控制方式。采用炮位控制方式时，火炮操作人员可使用不同的瞄准具（包括单筒望远镜、双筒望远镜、热成像仪等）进行直视瞄准，目标指示信息由载舰传感器提供；采用遥控方式时，装在炮架上的辅助控制箱和炮座底部的电子设备接收载舰火控系统的目标指示信号，发射机构通过与载舰作战系统计算机的接口实施控制；采用自主控制方式时，由炮载光电传感器自动跟踪目标，甲板下的火控台则提供攻击顺序数据、系统状态信号、跟踪范围信息和目标的各种指示信息。根据作战需要，可分别选用3种不同的控制使用方式。

DS30B型舰炮的炮架为模块式结构，除可承装现用的30毫米KCB炮管外，还可适装多种30毫米或25毫米炮管，如瑞士厄利空公司的KBA型30毫米炮、美国道格拉斯公司的"大毒蛇"25毫米炮、德国毛瑟公司的30毫米炮、法国吉亚特公司的M811型25毫米炮等等。更令人感兴趣的是，MSI公司还在该炮的基础上推出了"西格玛"弹炮结合分层防御武器系统，在现有的炮架上加装并发射多种类型的激光制导或红外制导近程舰空导弹（如法国的"西北风"导弹、英国的"星爆"

导弹、美国的"毒刺"导弹等），大大拓展了该系统的攻击作战范围，提高了载舰的防御能力。

迄今为止，除英国皇家海军外，澳大利亚、巴基斯坦、马来西亚等国海军也已购进了DS30B舰炮，分别装备其护卫舰和猎雷艇等水面舰只。

独树一帜："毛瑟"MLG 型 27 毫米舰炮（德国）

"毛瑟"MLG 型 27 毫米舰炮迷你档案	
战斗全重	850 千克
口径	27 毫米
射速	1700 发 / 分钟
最大初速	1.15 千米 / 秒
最大射程	5 千米

"毛瑟"MLG型火炮系统是德国毛瑟公司（莱茵金属公司的子公司）推出的一种舰载27毫米小口径火炮，1996年开始预研，1998年投入工程研制，1999年样

炮投入试验，2000年进行作战鉴定试验和最终定型试验，随之小批量生产。

"毛瑟"系统体积小巧，全重不到1000千克，采用双轴稳定方式，装舰不需穿过甲板，其主要特点是采用了模块化设计结构。两个主要部分是BK27型旋转式火炮和先进的遥控式火控系统，前者性能独特，在国际上久负盛名，虽口径仅27毫米，但其射程却高达5千米，与40毫米火炮相当，而射速高达1700发/分，相当于20毫米火炮，试验证明，其所有作战性能并不亚于20毫米~40毫米的任一种小口径火炮；后者由热成像仪、激光测距仪和视频跟踪仪组成，可使火炮以可控的火力全天候地发动攻击。另外，该系统还配有昼/夜视传感器，既可自动跟踪目标，亦可手动瞄准目标；在对电视屏幕上的目标图像进行分析后，炮手还可视不同情况进行单发或连续性射击。

德国海军要求研制MLG型火炮的主要目的是对付小型机动的水面舰艇、直升机和固定翼飞机，也可用于攻击1千米处的水雷、4千米内的岸上目标，必要时也可攻击掠海反舰导弹。该舰炮可配用次口径弹药和新研制的易碎型脱壳穿甲弹，后者重225克，穿甲弹芯重175克，初速达1.15千米/秒，命中概率极高。

MLG型27毫米舰炮在对付海上恐怖活动方面独树一帜，其火力可控的有限

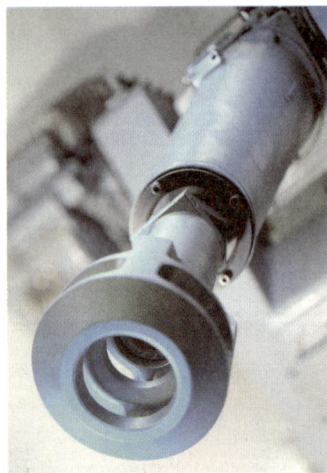

攻击方式既可给恐怖分子以强大的震慑作用，又不会导致反恐行动扩大化；其专用的反恐弹药对碳纤维/玻璃纤维加强结构的目标具有强大的杀伤力，其小巧玲珑的体积常被恐怖分子误认为是舰载机器人而上当；其单发射击的独有功能常可使恐怖分子受到警告而中止犯罪活动。在这方面，德国海军已用橡皮艇进行了多次成功的试验。

目前，该小口径火炮系统已陆续交货，装备在德国海军新型MADR–13护卫舰上。毛瑟公司认为该系统在国际市场上极具竞争力，希望向外国海军出售。迄今为止，已有科威特等国表示了购买意向。科威特拟订购12门MLG－27炮和4万发脱壳穿甲弹，装备快速拦截舰，以替代原来的20毫米舰炮。

火炮之王："多拉"巨炮（德国）

"多拉"巨炮迷你档案	
战斗全重	1350 吨
口径	800 毫米
全长	43.0 米
最大初速	820 米 / 秒
最大射程	47 千米

　　1942年春，克虏伯兵工厂造出了一种800毫米口径的超级巨炮。它大得出奇，炮膛内可蹲下一名大个子士兵。为纪念该厂的创始人古斯塔夫·克虏伯，希特勒叫它"重型古斯塔夫"。而设计师布尔博士为纪念自己的妻子，将巨炮命名为"多拉"，德国炮兵则更喜欢叫它"多拉"炮。

　　"多拉"炮除了身管长度和射程不如"巴黎大炮"外，在许多方面都堪称世界之最：炮弹也大得惊人，其中榴弹丸重4.81吨。另一种用于破坏混凝土掩蔽部的弹丸则重达7.1吨，内装200千克炸药。据说它的威力足以击穿3千米以外厚度为850毫米的混凝土墙。作为对比，"依阿华"级战列舰有9门406毫米主炮，每发炮

弹的重量才1200多千克，就足以在地面上炸出足球场那么大的大坑，一发炮弹就足以摧毁一个炮兵连，更别说"多拉"大炮的7.1吨重炮弹的威力了。

"多拉"一出世，便成为希特勒手里最高级别的秘密，同时也是德军最高统帅部的王牌武器。希特勒亲自任命一个陆军少将担任总指挥，该炮直接受最高统帅部指挥。在执行任务时，比如说射击，由一名上校具体指挥。直接操作大炮的士兵多达1400多名，加上两个担任防空任务的高射炮团、警卫人员、维修保养人员，共需4000多人。

不过，由于个头太大，"多拉"炮的运输、操作、保障都极为不便，这极大地影响了它的实战能力。仅就运输而言，需要首先把各部件卸下来分别装车，运炮车与两层楼的楼房相当。整座大炮及所需的弹药需动用60节车皮。而且，由于炮身过宽，标准宽度的铁路无法运输，需要专门铺设特制的轨道。到达发射阵地后，先用2台巨型起重机吊装底座，然后安装炮架、炮管和装弹机构，做完全部工作需要1400～1500人整整工作3个星期。